HORST FRANZHEIM

Die Teilnahme an unvorsätzlicher Haupttat

NEUE KÖLNER RECHTSWISSENSCHAFTLICHE ABHANDLUNGEN

HERAUSGEGEBEN VON

DER RECHTSWISSENSCHAFTLICHEN FAKULTÄT

DER UNIVERSITÄT ZU KÖLN

HEFT 17

Berlin 1961

WALTER DE GRUYTER & CO.

vormals G. J. Göschen'sche Verlagshandlung · J. Guttentag, Verlagsbuchhandlung

Georg Reimer · Karl J. Trübner · Veit & Comp.

Die Teilnahme an unvorsätzlicher Haupttat

Von

Dr. Horst Franzheim

Frechen bei Köln

Berlin 1961

WALTER DE GRUYTER & CO.

vormals G. J. Göschen'sche Verlagshandlung · J. Guttentag, Verlagsbuchhandlung
Georg Reimer · Karl J. Trübner · Veit & Comp.

Archiv-Nr. 27 08 61 / 19

Satz und Druck: Walter de Gruyter & Co., Berlin W 30

Inhaltsverzeichnis

Literaturverzeichnis

Arnold und Bergler	Psychologische Gründe für die Arbeitslosigkeit älterer Angestellter 1955
Baumann	Mittelbare Täterschaft oder Anstiftung bei Fehlvorstellungen über den Tatmittler? in JZ 1958, 230
Berner	Lehrbuch des deutschen Strafrechts 18. Aufl. 1898
Binding	Grundriß des Deutschen Strafrechts Allg. Teil 1902
—	Lehrbuch des Gemeinen Deutschen Strafrechts Bd. II 2 1905
—	Die Normen und ihre Übertretung Bd. I 4. Auflage 1922
—	Bd. II 1 2. Aufl. 1914
—	Bd. II 2 2. Aufl. 1916
—	Bd. IV 1. Aufl. 1919
Bindokat	Mehrerlei Unrecht? in JZ 1958, 553
—	Die erschlichene Bekanntgabe des Berufsgeheimnisses in NJW 1954, 865
Blau	Der VII. Strafrechtskongreß in Athen in GA 1958, 77
Bockelmann	Über das Verhältnis von Täterschaft und Teilnahme 1949
—	Über das Verhältnis von Täterschaft und Teilnahme in GA 1954, 193
—	Die moderne Entwicklung der Begriffe Täterschaft und Teilnahme in Deutsche Beiträge zum VII. Internationalen Strafrechtskongreß in Athen v. 26. Sept. bis 2. Okt. 1957 (zitiert: Beiträge) Seite 46
Bruns	Gilt die Strafrechtsordnung auch für Verbrecher untereinander? in Festschrift für Mezger 1953 Seite 335
—	Der untaugliche Täter im Strafrecht 1955
Der Bundesminister für Finanzen	Stellungnahme zum Entwurf des allg. Teils eines StGB vom 13. Nov. 1958, AktZ VI A/7a — O 1319 Ju-154/58
Dahm	Der Tätertyp im Strafrecht 1940
Dreher	Kann ein Ehegatte, der den Selbstmord des anderen zuläßt, ein Tötungsdelikt begehen? in MDR 1952, 711
Dreher-Lackner-Schwalm	Wehrstrafgesetz, Kommentar 1958

Engisch	Der finale Handlungsbegriff in Probleme der Strafrechtserneuerung (zitiert: Kohlrausch Festschrift) 1944 Seite 141
—	Die Idee der Konkretisierung 1953
Enneccerus-Nipperdey	Allg. Teil des Bürgerlichen Rechts I. Halbband 14. Aufl. 1952
Erbs	Strafrechtliche Nebengesetze Stand 1. März 1958
Esser, Josef	Grundsatz und Norm in der richterlichen Fortbildung des Privatrechts 1956
Esser	Die Bedeutung des Schuldteilnahmebegriffes in GA 1958, 321
Frank	Das Strafgesetzbuch für das Deutsche Volk 18. Aufl. 1931
Gallas	Zum gegenwärtigen Stand der Lehre vom Verbrechen in ZStW 67, 1
—	Täterschaft und Teilnahme in Materialien zur Strafrechtsreform 1954 Seite 121
—	Die moderne Entwicklung der Täterschaft und Teilnahme im Strafrecht in Deutsche Beiträge zum VII. Internationalen Strafrechtskongreß in Athen v. 26. Sept. bis 2. Okt. 1957 (zitiert: Beiträge) Seite 3
—	Anmerkung zu BGH 2, 150 in JZ 1952, 371
Hall	Die Freiheitsstrafe als kriminalpolitisches Problem in ZStW 66, 77
Hardwig	Sachverhaltsirrtum und Pflichtirrtum in GA 1956, 257
—	Zur Abgrenzung von Täterschaft und Teilnahme in GA 1954, 353
Häring	Das Gesetz Jesu Christi, Moraltheologie 1955
Hartmann	Ethik 3. Aufl. 1949
Hartung	Das Steuerstrafrecht, Kommentar 2. Aufl. 1950
Heck	Begriffsbildung und Interessenjurisprudenz 1932
Heinitz	Gedanken über Täter- und Teilnehmerschuld im Deutschen und Italienischen Strafrecht in Festschrift der juristischen Fakultät der Freien Universität Berlin zum 41. Juristentag 1955 Seite 93
Henkel	Recht und Individualität 1958
Holthöfer-Juckennack	Das Lebensmittelgesetz Bd. 1 3. Aufl. 1955
Honig	Die Einwilligung des Verletzten 1919
Kalthoener	Die Abgrenzung von Täterschaft und Teilnahme in der Rechtsprechung des Bundesgerichtshofes in NJW 1956, 1662
Kantorowicz	Tat und Schuld 1937
Koch	Weingesetz, Kommentar 1958
Kohlrausch-Lange	Strafgesetzbuch mit Erläuterungen und Nebengesetzen 42. Aufl. 1959
Kühn	Reichsabgabenordnung 5. Aufl. 1958

Lange	Der moderne Täterbegriff und der Deutsche Strafgesetzentwurf 1935 Abhandlungen des Kriminalistischen Instituts an der Universität Berlin IV 3 1
—	Die notwendige Teilnahme 1940 Abhandlungen des Kriminalistischen Instituts an der Universität Berlin IV 5 1
—	Literaturbericht, Strafrecht Allg. Teil in ZStW 63, 456
—	Die Schuld des Teilnehmers, insbesondere bei Tötungs- und Wirtschaftsverbrechen in JR 49, 63
—	Ordnungswidrigkeiten als Vergehen in GA 53, 3
—	Der Strafgesetzgeber und die Schuldlehre in JZ 56, 73
—	Die Magna Charta der anständigen Leute in JZ 56, 519
—	Nur eine Ordnungswidrigkeit? in JZ 57, 233
—	Die Sanktionen im Wirtschaftsstrafrecht in Deutsche Landesreferate zum V. Internationalen Kongreß für Rechtsvergleichung in Brüssel 1958
Leipziger Kommentar	(LK) Ebermeyer-Lobe-Rosenberg-Nagler 8. Aufl. 1956ff.
Less	Unrechtscharakter der Anstiftung in ZStW 69, 43
Liszt-Schmidt	Lehrbuch des Deutschen Strafrechts 25. Aufl. 1927
Maihofer	Der Handlungsbegriff im Strafrecht 1953
—	Zur Systematik der Fahrlässigkeit in ZStW 70, 159
Maurach	Deutsches Strafrecht, Allg. Teil (AT) 2. Aufl. 1958, Bes. Teil (BT) 2. Aufl. 1956
Mayer, H.	Das Strafrecht des Deutschen Volkes 1936
—	Das Strafrecht Allg. Teil 1953
—	Täterschaft, Teilnahme, Urheberschaft in Festschrift für Rittler Seite 243
Mayer, M. E.	Strafrecht Allg. Teil 1915
Mezger	Studienbuch Allg. Teil (AT) 9. Aufl. 1960
—	Bes. Teil (BT) 7. Aufl. 1960
—	Lehrbuch 3. Aufl. 1949
—	Die Straftat als Ganzes in ZStW 57, 675
Nagler	Die Teilnahme am Sonderverbrechen 1903
Noll	Übergesetzliche Rechtfertigungsgründe, im besonderen die Einwilligung des Verletzten 1955
Nowakowski	Täterschaft und Täterwille in JZ 56, 545
Radbruch	Zur Systematik der Verbrechenslehre in Festgabe für Frank 1930 Bd. I Seite 158
Rotberg	Gesetz über Ordnungswidrigkeiten Kommentar 2. Aufl. 1958

Peltzer	Das treffende Wort 3. Aufl. 1955
Piotet	Systematik der Verbrechenselemente in ZStW 69, 14
Rittau	Wehrstrafgesetz 1958
Roeder	Exklusiver Täterbegriff und Mitwirkung am Sonderdelikt in ZStW 69, 223
Sauer	System des Strafrechts Bes. Teil 1954
—	Allgemeine Strafrechtslehre 3. Aufl. 1955
—	Grundlagen des Strafrechts 1921
Salm	Das versuchte Verbrechen 1957
Sax	Der Begriff der „strafbaren Handlung" im Hehlereitatbestand in MDR 54, 65
Schilling	Moraltheologie 2. Aufl. 1949
Schmidt, E.	Strafzweck und Strafzumessung in einem künftigen Strafgesetzbuch in Materialien zur Strafrechtsreform I
—	Das Reichsgericht und der übergesetzliche Notstand in ZStW 49, 356
—	Militärstrafrecht 1936
Schmidhäuser	Zum Begriff der bewußten Fahrlässigkeit in GA 57, 305
—	Der Begriff des bedingten Vorsatzes in der neuesten Rechtsprechung des BGH und in § 16 Kommissionsentwurf StGB Allg. Teil 1958 in GA 58, 161
Schönke-Schröder	Strafgesetzbuch, Kommentar 9. Aufl. 1959
Schwalm	Anmerkung zu BGH 7, 134 in MDR 55, 371
Schwinge	Militärstrafgesetzbuch 1936
—	Teleogische Begriffsbildung im Strafrecht 1930
Sieverts	Beiträge zur Lehre von den subjektiven Unrechtselementen im Strafrecht 1934
Stenglein	Stengleins Kommentar zu den strafrechtlichen Nebengesetzen Bd. I 5. Aufl. 1928
Stratenwerth	Das Rechtstheoretische Problem der „Natur der Sache" 1957
Terstegen	Steuer-Strafrecht 1956
—	Der Arbeitnehmer in der Hinterziehung in ZFN 20/57
Thoma	Steuervergehen und Steuerberatung in Festschrift für Spitaler 1958 Seite 241
Traub	Anmerkung zu BGH 9, 370 in NJW 57, 431
Troeger-Meyer	Steuerstrafrecht 1957 1. Bd.
Tröndle	Zur Frage der Teilnahme an unvorsätzlicher Haupttat in GA 56, 129

von Weber	Teilnahme an Mord und Totschlag in MDR 52, 129
Wegner	Strafrecht Allg. Teil 1951
Welzel	Das Deutsche Strafrecht 7. Aufl. 1960 (zitiert: Lehrbuch)
—	Studien zum System des Strafechts in ZStW 58, 491
—	Das neue Bild des Strafrechtssystems 3. Aufl. 1957
—	Naturrecht und Rechtspositivismus in Festschrift für Niedermeyer 1953 Seite 279
—	Naturrecht und materiale Gerechtigkeit 2. Aufl. 1955
—	Literaturbericht, Strafrecht Allg. Teil in ZStW 61, 209
—	Anmerkung zu BGH 4, 355 in JZ 53, 763
—	Verbotsirrtum im Nebenstrafrecht in JZ 56, 238
Würtenberger	Die geistige Situation der Deutschen Strafrechtswissenschaft 1957

Abkürzungen

Soweit sie von Kirchner, Abkürzungsverzeichnis der Rechtssprache 1957, abweichen oder nicht im Literaturverzeichnis enthalten sind:

BGH	Entscheidungen des Bundesgerichtshofes in Strafsachen
Kommissionsentwurf 1960	Entwurf eines Strafgesetzbuches nach den Beschlüssen der Großen Strafrechtskommission in erster Lesung
RG	Entscheidungen des Reichsgerichts in Strafsachen
ZFN	Zentrale Fahndungsnachrichten, herausgegeben vom Steuerfahndungsreferat der OFD Hannover (Nur für den Dienstgebrauch)

Einleitung

Betrachtet man die §§ 29—31 des Kommissionsentwurfes 1960, die ausdrücklich bestimmen, daß nur Teilnahme an vorsätzlicher Haupttat bestraft wird, so scheint es müßig zu sein, sich mit dem Thema: Teilnahme an unvorsätzlicher Haupttat de lege ferenda zu befassen. Aber auch de lege lata dünkt eine Diskussion dieses Problems nicht mehr fruchtbar zu sein, wenn das führende Lehrbuch des deutschen Strafrechts von Maurach, das bekannt dafür ist, die verschiedenen Meinungen zu einem Problem in ausführlicher Schilderung gegenüberzustellen, in seiner zweiten Auflage[1]) seine Ausführungen zu dem Problem der Teilnahme an unvorsätzlicher Haupttat knapper faßt als in der ersten Auflage und der gegenteiligen Ansicht nur noch historische Bedeutung zuzumessen scheint[2]).

Jedoch nicht nur die Tatsache, daß man sich auf dem VII. Internationalen Strafrechtskongreß in Athen über das Problem der Teilnahme an unvorsätzlicher Haupttat nicht einigen konnte[3]), sondern auch einige andere Gesichtspunkte lassen eine erneute Diskussion des Themas dieser Arbeit sinnvoll erscheinen. Das Problem der Teilnahme an fahrlässiger Haupttat, ein Unterfall der Teilnahme an unvorsätzlicher Haupttat, gewinnt dadurch an Bedeutung, daß das Strafrecht durch das Wehrstrafgesetz um einige fahrlässige Sonderdelikte bereichert worden ist[4]). Da der an der fahrlässigen Tat beteiligte, vorsätzlich handelnde Extraneus nicht als unmittelbarer Täter zu bestrafen ist, ist zu prüfen, ob er nicht als Teilnehmer bestraft werden kann. Da § 1 III WStG die Bestrafung der Teilnahme des Extraneus an den militärischen Sonderdelikten ausdrücklich bestimmt hat, ist die Frage, ob Teilnahme an unvorsätzlichen militärischen Sonderdelikten möglich ist, besonders aktuell geworden.

Fahrlässige Sonderdelikte gibt es nicht nur im Wehrstrafrecht, sondern auch im Neben- und Ordnungsstrafrecht. Hier gewinnt das Problem dadurch an Bedeutung, daß nach der neuen Lehre Langes über den Irrtum im Nebenstrafrecht[5]) bei der Nichtbestrafung der Teilnahme an unvorsätzlicher Haupttat Fälle straflos bleiben müssen, die die Geg-

---

[1]) Maurach AT § 53 III D.

[2]) Eine Teilnahme an unvorsätzlicher Haupttat wird für möglich gehalten von Kohlrausch-Lange vor § 47 Anm. C II; Mezger LK § 50 Anm. 5 d; Schönke-Schröder vor § 47 Anm. IX 3 c; Roeder ZStW 69, 223; Gallas Beiträge S. 29 (nur für die Beihilfe).

[3]) Vgl. Blau GA 58, 77 (78).

[4]) §§ 21; 41 III; 42 III; 44 IV WStG.

[5]) Lange JZ 56, 73, 519, JZ 57, 233; Kohlrausch-Lange Syst. Vorbemerk. IV 4 b, § 59 Anm. V 3 d.

ner der Langeschen Irrtumslehre bestrafen. Denn nach der Langeschen Irrtumslehre, die die Irrtumsfälle im Nebenstrafrecht nach den Regeln der Vorsatztheorie behandelt, werden die Fälle, die die Gegner der Langeschen Irrtumslehre zu den vorsätzlichen Taten mit Verbotsirrtum rechnen, als fahrlässig bezeichnet. Nach der herrschenden Meinung ist Teilnahme an vorsätzlicher Haupttat, bei der der Täter über das Unrecht irrt, möglich[1]).

Die neue Irrtumslehre Langes fußt auf der Erkenntnis, daß im Nebenstrafrecht der Begriff Fahrlässigkeit in erster Linie als Rechtsfahrlässigkeit Bedeutung habe, da bei den Strafbestimmungen des Nebenstrafrechts nur selten Fälle einer Tatfahrlässigkeit denkbar sind[2]). Hinzu kommt, daß im Nebenstrafrecht nicht wie im klassischen Kriminalstrafrecht die Handlung an sich unerlaubt ist, sondern ein rechtlich irrelevantes Handeln erst durch ein positives Gebot zu einer Zuwiderhandlung wird. Da durch die Handlung an sich bei den Delikten des Nebenstrafrechts das Unrecht noch nicht indiziert wird, muß der Vorsatz auch das Bewußtsein umfassen, entgegen der verwaltungsmäßigen Regelung zu handeln, will man nicht an sich rechtstreue Staatsbürger als vorsätzliche Täter diskriminieren[3]).

Der Einfluß der Langeschen Irrtumslehre auf das Problem dieser Arbeit wird dadurch hervorgehoben, daß diese Lehre nicht nur viele bedeutende Anhänger gefunden hat[4]), sondern daß neuerdings ihr von ihrem schärfsten Gegner Welzel[5]) dem Grunde nach recht gegeben wird[6]). Ursprünglich[7]) behauptete Welzel entgegen Lange, der Begriff Fahrlässigkeit deute immer nur auf eine Tatfahrlässigkeit hin. Auch leugnete er, daß die Tatbestände des Nebenstrafrechts wertneutral seien. Gemäß dieser Erkenntnis folgerte Welzel, daß die Schuldtheorie nicht nur für den Kernbereich des kriminellen Strafrechts zu gelten habe, sondern auch für die Tatbestände des Nebenstrafrechts. Welzel glaubte also, zunächst den Begriff Vorsatz auch bei den Tatbeständen des Nebenstrafrechts von dem Unrechtsbewußtsein trennen zu können. Wenn er neuerdings[8]) bezüglich des Neben- und Ordnungsstrafrechts fordert, der Gesetzgeber dürfe den Begriff Vorsatz da nicht mehr ver-

---

[1]) vgl. Maurach AT § 53 III D 2b. Bockelmann (Täterschaft und Teilnahme S. 53) differenziert zwischen vermeidbarem und nicht vermeidbarem Verbotsirrtum des Täters der Haupttat. Im ersten Fall will er den Teilnehmer straflos lassen, im zweiten hält er strafbare Teilnahme für möglich.

[2]) Wegen des genauen Nachweises muß, um den Rahmen dieser Arbeit nicht zu sprengen, auf die ausführlichen Einzeluntersuchungen Langes in JZ 56, 73, 519 verwiesen werden.

[3]) Vgl. Lange JZ 56, 519; Kohlrausch-Lange § 59 Anm. V 3d.

[4]) Schönke-Schröder § 59 Anm. VIII u. IX; Mezger LK § 59 Anm. VI a aE; Hardwig GA 56, 372; Maihofer ZStW 70, 193f.

[5]) JZ 56, 238, JZ 57, 130. Gegen die Langesche Irrtumslehre ebenfalls Boldt ZStW 68, 335 (353).

[6]) Welzel Lehrbuch ab 6. Aufl. § 22 A II 3d.

[7]) JZ 56, 238.

[8]) Welzel § 22 A II 3d.

wenden, wo die Strafbarkeit auf die Verbotskenntnis beschränkt werden soll, so erkennt er damit den Ausgangspunkt der Langeschen Irrtumslehre als richtig an, daß der Begriff Vorsatz bei den Delikten des Nebenstrafrechts das Unrechtsbewußtsein mitumfaßt. — Nur die Konsequenz, der Gesetzgeber möge die Tatbestände des Nebenstrafrechts der Theorie anpassen, die Welzel aus dieser Erkenntnis zieht, ist abzulehnen, denn die Rechtswissenschaft ist nicht völlig frei, sie hat dem Recht und Gesetz zu dienen[1]).

Das Problem der Teilnahme an vorsätzlicher Haupttat gewinnt auch für das Steuerstrafrecht in Zukunft Bedeutung, da — wie unten näher ausgeführt wird — sich die Auffassung durchzusetzen scheint, daß die Tatbestände der §§ 396, 402 RAO Sonderdelikte seien.

Nicht nur für die Frage der Teilnahme an unvorsätzlicher Haupttat erscheint die folgende Untersuchung als nützlich, sie kann auch zur Klärung dogmatischer und methodologischer Grundfragen beitragen. So wird bei der Untersuchung die Lehre Welzels und Stratenwerths von den sachlogischen Strukturen zu diskutieren und der Erkenntniswert des Systems der finalen Handlungslehre festzustellen zu sein. Auch trägt die Untersuchung zur Klärung des Begriffs der Tatherrschaft bei.

Entgegen der allgemeinen Ansicht[2]), daß es heute nur noch ein Problem der Teilnahme an unvorsätzlicher Haupttat gibt, in dem die Frage der Teilnahme an fahrlässiger Haupttat aufgegangen ist, werden wir das Problem der Teilnahme an einer Haupttat, deren fahrlässige Begehungsweise strafbar ist und bei der der Täter fahrlässig handelt, von dem Problem der übrigen Fälle der Teilnahme an unvorsätzlicher Haupttat trennen[3]). Beide Fragen werden deshalb nicht zusammen behandelt, weil die Teilnahme an fahrlässiger Haupttat sich leichter mit dem System der finalen Handlungslehre und der Korruptionstheorie vereinbaren läßt als die Teilnahme an unvorsätzlicher Haupttat.

---

[1]) Vgl. Kohlrausch-Lange § 59 Anm. V 3d; Lange JZ 57, 537.
[2]) Bockelmann, Täterschaft und Teilnahme S. 16 Welzel § 16, Tröndle GA 56, 129.
[3]) Zumal auch Gallas (Beiträge S. 24) heute beide Fragen getrennt untersucht.

Erster Hauptteil

Die Teilnahme an fahrlässiger Haupttat

Untersuchung, ob die Teilnahme an fahrlässiger Haupttat strafwürdig ist

Militärische Sonderdelikte

Beginnt man, wie Schmidhäuser[1]) es empfiehlt, mit der Untersuchung von Fällen, um mit den so erarbeiteten Ergebnissen das System in seinem Aufbau zu bestimmen[2]), so hat man sich bei dem zu bearbeitenden Thema zunächst mit der Frage der Strafwürdigkeit der Teilnahme an fahrlässiger Haupttat zu befassen. Die Frage der Strafwürdigkeit wird durch die Lücken bestimmt, die entstehen, wenn man die Teilnahme an fahrlässiger Haupttat nicht bestraft. Solche Lücken entstehen bei den Sonder- und eigenhändigen Delikten, weil der Hintermann hier nicht als mittelbarer Täter bestraft werden kann[3])[4]).

Das einzige fahrlässige eigenhändige Delikt § 163 StGB gibt für die Auffindung von Strafbarkeitslücken nichts her, da das Strafgesetzbuch als Ersatz für die nicht mögliche mittelbare Täterschaft bei § 163 StGB einen Sondertatbestand geschaffen hat (§ 160 StGB).

Wie bereits erwähnt, enthält das Wehrstrafgesetz vier fahrlässige bzw. leichtfertige Sonderdelikte: §§ 21, 41 III, 42 III, 44 IV WStG. Aus der Tatsache, daß § 109 b StGB die Verleitung zum leichtfertigen Nicht befolgen eines Befehls unter Strafe stellt und so die Strafbarkeitslücke bezüglich § 21 WStG schließt, könnte der Schluß gezogen werden, daß das Gesetz und der Gesetzgeber die Teilnahme der Extranei an den übrigen fahrlässigen bzw. leichtfertigen Sonderdelikten des Wehrstrafrechts straflos lassen will. Gegen einen solchen Schluß spricht, daß § 109 b StGB mit dem Wehrstrafgesetzbuch schlecht abgestimmt ist[5]).

---

[1]) GA 58, 161.

[2]) Würtenberger (S. 91) fordert sachgebundenes Denken im Strafrecht; vgl. auch Henkel S. 63.

[3]) Vgl. Lange, Notwendige Teilnahme S. 57; Heinitz, S. 107 bezüglich der Sonderdelikte und Traub NJW 57, 431 bezüglich der eigenhändigen Delikte.

[4]) Der bei der Diskussion um die Teilnahme an unvorsätzlicher Haupttat auftauchende Irrtumsfall (z. B. bei Bockelmann GA 54, S. 200 Anm. 40): Der Hintermann glaubt, der fahrlässig handelnde Vordermann handele vorsätzlich, ist für eine Untersuchung auf Strafbarkeitslücken unergiebig, weil die Bestrafung des Hintermannes von niemand abgelehnt wird. Nur über die Art der Bestrafung besteht Streit: Versuchte mittelbare Täterschaft in Tateinheit mit fahrlässiger Täterschaft oder wie Gallas, Materialien, S. 139f.: Anstiftung (vgl. auch Welzel, Lehrbuch § 16 VII). § 32 Kommissionsentwurf 1960 hat diesen Fall ausdrücklich geregelt und bestraft den Hintermann wie einen Anstifter.

[5]) Vgl. Kohlrausch-Lange § 109b Anm. VII.

Daß der Gesetzgeber bei der Schaffung des § 109 b StGB nicht an eine Folge für die Frage der Teilnahme an fahrlässiger Haupttat gedacht hat[1]), wird dadurch indiziert, daß § 109 b StGB ein Nachfolger des § 112 a. F. StGB ist.

Die Frage, ob der Extraneus, der an einem fahrlässigen bzw. leichtfertigen militärischen Sonderdelikt beteiligt ist, strafwürdig ist, läßt sich erst beantworten, wenn man nach der Klärung des Wesens der militärischen Sonderdelikte, die mit den eigentlichen Amtsdelikten verwandt sind, die Funktion des Extraneus bei diesen Tatbeständen geklärt hat. Das Wesen der eigentlichen Amtsdelikte und somit auch der militärischen Sonderdelikte ist umstritten. Die Frage lautet, ist die Rechtsgutsverletzung[2]) oder die Pflichtverletzung[3])[4]) das wesentliche der Amts- und militärischen Sonderdelikte. In der Literatur findet man die letzte tiefere Diskussion dieses Problems bei Lange, die notwendige Teilnahme[5]) und bei Welzel in einer Besprechung dieser Monographie Langes[6]). Lange vertrat in seiner Schrift die Ansicht, daß der Intraneus als Täter des Sonderdelikts wegen einer Pflichtverletzung bestraft werde, die die Konturen des Sonderdelikts schärfer herauszeichne als das bloße Herbeiführen eines Erfolges[7]), während der Extraneus als Teilnehmer im Rahmen des erweiterten Rechtsgüterschutzes wegen der Verursachung des mißbilligten Erfolges, wegen Verletzung des Rechtsgutes bestraft werde[8]). Welzel wendet sich in seiner Besprechung der „Notwendigen Teilnahme“ gegen die Thesen Langes, indem er bei Lange Widersprüche und unerwünschte Konsequenzen aufzuzeigen versucht. Wenn Lange in der „Notwendigen Teilnahme“[9]) behaupte, daß er in seiner früheren Schrift[10]) der Täterschaft ein subjektives Unrechtselement zugewiesen habe, nicht aber der Teilnahme, so widerspreche das der auf Seite 60 des „Modernen Täterbegriffs“ aufgestellten These von einem subjektiven Unrechtsmoment bei der Beihilfe. Ein solcher Widerspruch kann nur dann entstehen, wenn man nicht in die Lehre Langes passende Elemente zur Auslegung seiner Begriffe verwendet. Denn anders läßt es sich nicht erklären, wie Welzel den auf den Gehilfenerfolg gerichteten Willen[11]) als Element ansieht, das das Unrecht der Beihilfe

---

1) Dies wurde von Min. Rat Neudeck, Bundesministerium der Verteidigung, mitgeteilt.

2) So die h. M., vgl. Kohlrausch-Lange vor § 331 Anm. II; Maurach BT § 81 II A; Mezger BT § 86 I für die mit den militärischen Sonderdelikten verwandten echten Amtsdelikte.

3) Welzel, Lehrbuch § 77 2, ZStW 58, 512.

4) Gemeint ist eine Pflichtverletzung, die nicht auf die Verletzung eines bestimmten Rechtsgutes gerichtet ist.

5) S. 55, 64, 98.

6) ZStW 61, 211f.

7) A. a. O. S. 56.

8) Notwendige Teilnahme, S. 55, 57, 59.

9) S. 58.

10) Der moderne Täterbegriff und der deutsche Strafgesetzentwurf.

11) Moderner Täterbegriff S. 60.

begründet. Auch innerhalb der „Notwendigen Teilnahme" gibt es keine Widersprüche bezüglich eines subjektiven Unrechtselementes der Teilnahme wie Welzel meint. Wenn Welzel Lange vorhält, er erkenne auf Seite 64 und 88[1]) der „Notwendigen Teilnahme" negativ-personale Teilnahmeelemente an, so ist Welzel zu entgegnen, daß die negativ-personalen Elemente Langes auf Seite 64 der „Notwendigen Teilnahme" deutlich als bloße Umschreibung dafür benutzt worden sind, daß die personalen Unrechtselemente bei der Teilnahme fehlen. — Was die von Welzel aufgezeigten mißbilligten Ergebnisse und die Verurteilung einer Teilnahme an unvorsätzlicher Haupttat betrifft, so ist es Aufgabe der folgenden Untersuchung, festzustellen, ob diese Ergebnisse wirklich so mißbilligenswert sind, so daß eine weitere Diskussion der Welzelschen Kritik an Lange hier nicht am Platze ist.

Welzel hat die von einer Rechtsgutsverletzung unabhängige Pflichtwidrigkeit als das Wesen der Amtsdelikte herausgestellt, um damit zu beweisen, daß das verbotene, sozialunethische Verhalten und nicht die Rechtsgutsverletzung den generellen Unwert aller Normen darstellt[2]). Es ist Welzel zuzustimmen, wenn er behauptet, der Grundgedanke des Strafrechts sei, niemand solle etwas sozialethisch Verbotenes tun. Dieser noch nicht spezifizierte Handlungsunwert wird im Strafrecht über das Sieb einer Rechtsgüterordnung geleitet, wodurch der allgemeine nicht spezifizierte Handlungsunwert in fest umrissene Rechtspflichtverletzungen aufgespalten wird. Es ergibt sich also die Rangordnung: nicht spezifizierter, allgemeiner Handlungsunwert, Rechtsgüterordnung, spezifizierte Rechtspflichtverletzung oder Handlungsunwert. Da im Gegensatz zum Disziplinarrecht es dem Strafrecht aus Gründen der Rechtssicherheit wesenhaft ist, daß nur eine spezifizierte und nicht die unspezifizierte Rechtspflichtverletzung bestraft wird, und manches allgemein sozialethisch pflichtwidrige Verhalten nicht bestraft wird, weil es nicht auf eine Verletzung eines Rechtsgutes gerichtet ist, kann das unspezifizierte sozialunethische Verhalten nicht das Wesen aller strafrechtlichen Tatbestände sein.

Nachdem das Verhältnis von Pflichtverletzung und Rechtsgutsverletzung im allgemeinen kurz umrissen wurde, ist nun festzustellen, ob das Wesentliche der militärischen Sonderdelikte die Rechtsgutsverletzung oder die Pflichtverletzung ist. — Rechtsgut ist nach Mezger[3]) das Interesse des individuellen oder sozialen Willens an dem Bestehen eines bestimmten Zustandes. Nach Mezger[4]) sind auch personale Beziehungen, wie die Reinheit der Amtsausübung, eines solchen Interesses fähig[5]).

---

[1]) Bei Welzel S. 65 und 89.

[2]) ZStW 58, 513.

[3]) Lehrbuch S. 204.

[4]) ZStW 57, 697.

[5]) Bedenken hiergegen hat selbst Lange (Notwendige Teilnahme S. 55): Das Rechtsgut brauche zwar nicht ein dingliches oder ideelles Objekt zu sein, es könne auch in einem Verhalten Dritter bestehen, nur nicht in dem Verhalten des Täters

Nach Welzel[1]) ist das Rechtsgut ein Lebensgut der Allgemeinheit oder des einzelnen, das wegen seiner sozialen Bedeutung rechtlich geschützt wird. Die Definition des Rechtsgutes bei Maurach[2]) weicht von der Mezgerschen und Welzelschen Definition kaum ab: ein von der Gesamtheit oder den maßgebenden Schichten der staatlichen Gemeinschaft anerkanntes Interesse. Ähnlich wie die bereits genannten Autoren hat auch Binding[3]) formuliert: „Sonach ist Rechtsgut alles, was selbst kein Recht doch in den Augen des Gesetzgebers als Bedingung gesunden Lebens der Rechtsgemeinschaft für diese von Wert ist, an dessen unveränderter und ungestörter Erhaltung sie nach seiner Ansicht ein Interesse hat und das er deshalb durch seine Normen vor unerwünschter Verletzung oder Gefährdung zu sichern bestrebt ist"[4]).

Definiert man den Begriff Rechtsgut derartig, so ist es nicht überraschend, wenn man das Interesse der Gemeinschaft an der Ordnungsmäßigkeit der Amtsführung und an der Schlagkraft der Truppe sowie an der Aufrechterhaltung der militärischen Disziplin als Rechtsgut ansieht[5]). — Die Reinheit der Amtsführung ist jedoch nur ein verallgemeinerndes Oberrechtsgut, das die Rechtsgüter einer Deliktsgruppe zusammenfassend umschreibt. Unter diesem Oberrechtsgut stehen die differenzierbaren Rechtsgüter der einzelnen Tatbestände[6]). Daß mehr auf das verallgemeinernde Oberrechtsgut Amtsreinheit abgestellt wird, rührt daher, daß bei einigen Delikten[7]) die Amtsreinheit in einem engeren Sinn zugleich Rechtsgut des einzelnen Tatbestandes ist[8]) und daß bei anderen Delikten[9]) das Einzelrechtsgut nur schwer zu definieren ist. Deutlich tritt jedoch ein Einzelrechtsgut bei §§ 354f. StGB hervor: das Interesse an der Wahrung des Postgeheimnisses. — Das Rechtsgut sämtlicher Wehrdelikte ist die Aufrechterhaltung der Manneszucht und die Schlagkraft der Truppe. Auch im Wehrstrafrecht lassen sich neben dem Oberrechtsgut Aufrechterhaltung der Manneszucht und Schlagkraft der Truppe Einzelrechtsgüter herausschälen, obwohl auch hier einzelne Tatbestände nur die militärische Disziplin und die Schlagkraft der Truppe direkt schützen[10]). Die §§ 30, 31, 32 WStG weisen deutlich

---

selbst. Die Bedenken Langes lassen sich beseitigen, wenn man bedenkt, daß das Rechtsgut nicht gleichbedeutend mit dem sogenannten Handlungsobjekt, dem konkreten Gegenstand, an dem sich die Handlung körperlich vollzieht, ist (vgl. Maurach AT § 19 II A 2; auch Mezger AT § 36 II).

[1]) Lehrbuch S. 4.

[2]) AT § 19 II A 1.

[3]) Normen I S. 353.

[4]) Nach Honig (S. 109) sind die Rechtsgüter oder Schutzobjekte Gemeinschaftswerte.

[5]) Kohlrausch-Lange vor § 331 Anm. II; Mezger BT § 86 I; Maurach BT § 81 II A 2; Schwinge MStG S. 2; Eb. Schmidt, Militärstrafrecht, S. 1.

[6]) Mezger BT § 86 I; Nagler S. 23.

[7]) Z. B. § 331 StGB.

[8]) Vgl. Welzel ZStW 58, 513 Anm. 30.

[9]) Z. B. § 353 StGB.

[10]) Z. B. §§ 19, 20, 21, 23, 24 WStG.

auf ein Einzelrechtsgut hin: das Interesse an der Individualsphäre des Soldaten. Auch § 44 WStG (Wachverfehlung) deutet auf ein besonderes Einzelrechtsgut hin; nicht nur die Truppe sondern auch die Öffentlichkeit hat ein Interesse daran, daß die zu bewachenden Objekte ordentlich geschützt werden, denn durch schlechte Bewachung von Munitionsdepots kann die öffentliche Ordnung gefährdet werden. Oft liegt es auch bei den militärischen Sonderdelikten nur an Definitionsschwierigkeiten, daß die Einzelrechtsgüter der militärischen Sonderdelikte nicht benannt werden können[1]).

Daß die Rechtsgutsverletzung das Wesen der militärischen Sonderdelikte ausmacht, läßt sich nicht nur mit der vorangegangenen Untersuchung nachweisen, sondern auch dadurch, daß bei manchen Tatbeständen des Wehrstrafgesetzes[2]) der Täter nur bestraft wird, wenn die schwerwiegende Folge des § 2 Ziff. 3 WStG herbeigeführt wird. Tritt diese schwerwiegende Folge nicht ein, so kann die Tat nur disziplinarisch geahndet werden.

Ist herausgestellt, was unter den Rechtsgütern der militärischen Sonderdelikte und der mit ihnen verwandten Amtsdelikte zu verstehen ist, so ist das Verhältnis von diesen Rechtsgütern zu den speziellen Rechtspflichten der Intranei bei den Sonderdelikten zu würdigen. Ebenso wie die Inhaber einer Garantenstellung bei den unechten Unterlassungsdelikten eine spezielle Rechtspflicht haben, haben die Soldaten und die Beamten die Pflicht, die durch die Tatbestände der Sonderdelikte geschützten Rechtsgüter nicht zu verletzen. Die spezielle Rechtspflicht ergibt sich aus zwei Elementen, aus der vorstrafrechtlichen Pflicht, kein Unrecht zu tun, und aus dem Rechtsgut[3]). Da bei der oben aufgestellten Rangordnung[3]) die Rechtsgüterordnung die erste strafrechtlich relevante Stufe ist, kann man die vorstrafrechtlich allgemeine und unspezifizierte Pflicht, kein Unrecht zu tun, bei der Untersuchung der einzelnen Tatbestände außer acht lassen. Die spezielle Rechtspflicht der Soldaten und Beamten ist eine spezifizierte Rechtspflicht, die nach der oben erwähnten Rangordnung dem Rechtsgüterschutz begrifflich nachgeordnet ist. Die spezielle Rechtspflicht der Soldaten und Beamten ist daher nicht nur wesenhaft mit dem Rechtsgut verbunden, sondern entspringt ihm sogar[4]). Die Tatsache, daß pflichtgemäßes Verhalten der Soldaten und Beamten die militärische Disziplin und die Amtsreinheit gewährleisten, darf nicht zu dem Schluß verleiten, die militärische Disziplin und die Amtsreinheit seien keine Rechtsgüter,

[1]) Solche Definitionsschwierigkeiten treten aber nicht nur für die Einzelrechtsgüter der Sonderdelikte, sondern auch bei den Sittlichkeitsdelikten und bei den Delikten wider die öffentliche Ordnung (§§ 124ff. StGB) auf.

[2]) §§ 19, 21, 41, 44, 45 WStG.

[3]) Vgl. oben S. 19.

[4]) Ob diese Rechtspflicht bei den Sonderdelikten nur für die Intranei besteht, ist das entscheidende Problem dieser Strafwürdigkeitsuntersuchung. Diese Frage wird nach abgeschlossener Klärung des Verhältnisses von spezieller Rechtspflicht der Intranei zu ihren Dienstpflichten untersucht.

sondern nur spezielle Arten sozialethischer Pflichten. Die Rechtsgüter militärische Disziplin und Amtsreinheit sind nicht nur Pflichten oder Pflichtenbündel, sondern eine Eigenschaft einer Truppe und eines Amtsapparates. Sie umschreiben einen Zustand dieser Institutionen, an denen die Öffentlichkeit interessiert ist. Dieser Zustand ergibt sich nicht nur — das ist entscheidend — aus dem pflichtgemäßen Verhalten der Soldaten und Beamten, sondern in erster Linie aus der besonderen Organisation des Militärs und der Behörden.

Beim Herausarbeiten des Wesens der Amts- und militärischen Sonderdelikte darf man sich nicht dadurch täuschen lassen, daß die spezielle Rechtspflichtverletzung des Intraneus bei diesen Delikten zugleich eine disziplinarisch zu ahndende Dienstpflichtverletzung ist[1]). Daß ein Vergleich von Dienstpflichtverletzung und Rechtspflichtverletzung nicht zu dem Schluß führen darf, eine Verletzung der speziellen Rechtspflicht der Beamten und Soldaten sei lediglich eine strafrechtlich sanktionierte Dienstpflichtverletzung, läßt sich an folgenden Erwägungen zeigen. Nicht nur die Begehung von Sonderdelikten ist eine Dienstpflichtverletzung, sondern auch der Beamte oder Soldat ist meist disziplinarisch zu bestrafen, der einen Tatbestand verwirklicht, der kein Sonderdelikt ist. In den Fällen von Nicht-Sonderdelikten ist die scharfe Trennung von speziellen Pflichten der Intranei und ihren Dienstpflichten gut zu erkennen; diese scharfe Trennung läßt sich aber ebenfalls bei den Sonderdelikten durchführen. Deshalb ist streng darauf zu achten, daß nicht Elemente oder ihre Benennungen, die in das System der disziplinarischen Dienstpflichtverletzungen gehören, bei der Diskussion der Amts- und militärischen Sonderdelikte gebraucht werden[2]).

Ist die Rechtsgutsverletzung und nicht die sich nicht auf ein Rechtsgut beziehende Pflichtverletzung als das Wesen der Sonderdelikte erkannt worden, so ist jetzt die für die Teilnahme der Extranei am Sonderdelikt bedeutsame Frage zu untersuchen, ob die Rechtsgüter der Sonderdelikte auch auf andere Weise als durch Pflichtverletzung der Intranei verletzt werden können. — Nach § 1 III WStG ist die Teilnahme des Extraneus an militärischen Sonderdelikten strafbar. Der rechtliche Grund für diese Vorschrift, die eine Kodifizierung des Ergebnisses einer ständigen Rechtsprechung zum Militärstrafgesetz[3]) ist, kann darin liegen, daß der Extraneus den Intraneus in Schuld und Strafe geführt hat, oder daß er ohne die spezielle nur dem Intraneus obliegende Rechtspflicht zu verletzen das Rechtsgut des Sonderdeliktes verletzt hat. Die

---

[1]) Umgekehrt stimmt dieser Satz nicht, vgl. Binding, Lehrbuch II 2 S. 406.

[2]) Dieser Gefahr ist anscheinend Esser (GA 58, 326) nicht ausgewichen; er gibt als Grund für die Bestrafung des Extraneus als Teilnehmer bei den Sonderdelikten die Verletzung der objektiven Position der Amtsstellung an. Die objektive Position der Amtsstellung ist schwerlich als Umschreibung des Rechtsgutes Amtsreinheit aufzufassen. In der Amtsstellung ist das Wesen der disziplinarisch zu ahndenden Dienstpflicht begründet.

[3]) Vgl. Dreher-Lackner-Schwalm § 1 Anm. IV 1: Rittau § 1 Anm. 3.

Theorien haben sich an den Gesetzen zu orientieren, es sei denn, die gesetzlichen Bestimmungen seien Ausnahmebestimmungen[1]). Die Bestrafung der Teilnahme des Extraneus im Wehrstrafrecht ist keine Ausnahmebestimmung. Die selbe Erscheinung zeigt sich bei den Amtsdelikten, sie ist zwar nicht im Strafgesetzbuch kodifiziert, jedoch allgemein anerkannt[2]). Auch wird die Teilnahme des Extraneus von § 50 II StGB berücksichtigt, indem diese Bestimmung durch Nichterwähnung der strafbegründenden Merkmale die Bestrafung der Teilnahme der Extranei an den Sonderdelikten ermöglicht[3])[4]).

Muß die Bestrafung der Teilnahme des Extraneus dogmatisch erklärt werden und ist das nur möglich entweder mit der Korruptionstheorie oder aber mit der Auffassung, daß der Extraneus das Rechtsgut der militärischen Disziplin verletzen kann, ohne die spezielle Rechtspflicht, die nur der Intraneus hat, zu verletzen, so wäre der Beweis für die Richtigkeit der letzten Theorie erbracht, wenn gezeigt werden kann, daß die Korruptionstheorie mit dem Gesetz nicht vereinbar ist[5]). — Die Korruptionstheorie läßt sich mit dem Grundsatz des § 50 I StGB nicht vereinbaren, nach dem jeder von mehreren Tatbeteiligten nach seiner Schuld ohne Rücksicht auf die Schuld des anderen zu bestrafen ist. Denn nach der Korruptionstheorie ist der Grund für die Bestrafung des Teilnehmers darin zu sehen, daß er den Täter in die Schuld geführt hat. Die Schuld beim Haupttäter und ihr Ausmaß müssen nach dieser Auffassung die Bestrafung des Teilnehmers bestimmen[6]). Mit den gesetzlichen Bestimmungen vereinbar ist also nur die Auffassung, daß die Rechtsgüter der militärischen Disziplin, der Manneszucht, der Schlagkraft der Truppe sowie die Einzelrechtsgüter der militärischen Sonderdelikte von jedermann und nicht nur vom Intraneus durch Verletzung einer speziellen ihm allein obliegenden Rechtspflicht verletzt werden können. — Es liegt lediglich an der Formulierung der Tatbestände der Sonderdelikte, daß nur der das Rechtsgut verletzende Intraneus als Täter bestraft werden kann, während der Extraneus, auch wenn sein Handeln dem eines Täters gleicht, als Teilnehmer bestraft werden muß.

---

[1]) Wie z. B. § 49a StGB.

[2]) Kohlrausch-Lange vor § 331 Anm. III; Maurach BT § 81 IV A 1b; Welzel § 77 2b; Schönke-Schröder § 331 Anm. II.

[3]) Die Tatsache, daß § 50 II StGB die Bestrafung der Extranei als Teilnehmer ermöglicht, ersetzt aber nicht die dogmatische Begründung für ihre Bestrafung. Diesen Ausweg will anscheinend Welzel gehen; er verwechselt damit Grund und Folge. (Es handelt sich um denselben Fehler, in den das Reichsgericht bei der Begründung der positiven Forderungsverletzung verfallen war, indem es als Grund für die positive Forderungsverletzung § 276 BGB angab.)

[4]) § 33 I Kommissionsentwurf 1960 erwähnt zwar die strafbegründenden Merkmale, ermöglicht aber eine mildere Bestrafung des Extraneus.

[5]) Eine vollständige Diskussion der Korruptionstheorie kann an dieser Stelle nicht erfolgen, weil methodisch diese Theorie hier nur mit dem Argument bekämpft werden kann, sie sei mit einer gesetzlichen Bestimmung nicht vereinbar.

[6]) Vgl. Lange, Die notwendige Teilnahme, S. 49, 52f.; Kohlrausch-Lange § 48 Anm. III; Maurach AT § 50 III D 2; Bockelmann, Beiträge S. 46, 49ff.

Sieht man den Grund für die Bestrafung bei den Sonderdelikten sowohl beim Intraneus als Täter als auch beim Extraneus als Teilnehmer in der Rechtsgutsverletzung, so stehen erweiterte Rechtsgutsverletzungen und Pflichtverletzungen nicht nebeneinander sondern — wie bei jedem normalen Tatbestand — hintereinander. Es kann Lange[1]) nicht gefolgt werden, wenn er sagt, daß der Intraneus das Rechtsgut der Manneszucht[2]) nicht verletzen könne, weil das Rechtsgut nicht im Verhalten des Täters selbst liegen könne. Unter dem Rechtsgut Manneszucht wird zunächst der Zustand einer Truppe und was die Pflichtverletzung angeht nicht die Verletzung der Disziplin eines einzelnen Soldaten sondern die Disziplin einer ganzen Truppe verstanden[3]). Das Interesse der Gemeinschaft bezieht sich auf diesen allgemeinen Zustand der Truppe und nicht auf das Verhalten eines einzelnen Soldaten[4]). Diesen allgemeinen Zustand der Truppe kann der Soldat durch Verletzung seiner speziellen Rechtspflicht angreifen; es bestehen hier keine begrifflichen Schwierigkeiten.

Das Untersuchungsergebnis konnte nur erreicht werden, weil § 1 III WStG den auch für die Amtsdelikte anerkannten Satz, daß die Teilnahme der Extranei bei den Sonderdelikten gesetzlich geregelt worden ist, kodifiziert hat. Die dogmatische Struktur, die für einen Teil der Sonderdelikte gefunden worden ist, muß auch für die anderen Sonderdelikte — insbesondere für die mit den militärischen Sonderdelikten verwandten echten Amtsdelikte — gelten[5]). Gegen die hier vertretene Auffassung bezüglich der echten Amtsdelikte läßt sich kein Argument aus dem Vergleich der echten mit den unechten Amtsdelikten herleiten. Bei den unechten Amtsdelikten ist das geschützte Rechtsgut ein Rechtsgut, das auch durch ein Nicht-Sonderdelikt geschützt wird, z. B. die Freiheit oder das Eigentum. Die Amtsreinheit als generalisierendes Oberrechtsgut erscheint hier nur als ein sekundäres Rechtsgut, das nicht allein die erheblich erhöhten Strafrahmen der uneigentlichen Amtsdelikte begründet. Der Grund für die verschärfte Bestrafung ist wohl mehr die durch die Beamtenstellung erhöhte typisierte Schuld.

---

[1]) Die notwendige Teilnahme S. 55.

[2]) Lange führt in seiner Monographie die Argumentation für das Rechtsgut Amtsreinheit durch.

[3]) Unter dem Rechtsgut Amtsreinheit ist demnach auch nicht die Reinheit der Amtsführung eines einzelnen Beamten sondern die aller Beamten zu verstehen.

[4]) Vgl. Maurach AT § 19 II A 2: Das Rechtsgut ist nicht gleichbedeutend mit dem sogenannten Handlungsobjekt, dem konkreten Gegenstand, an dem sich eine Handlung körperlich vollzieht. Auch Mezger AT § 36 II wendet sich gegen die Individualisierung des Rechtsgutsbegriffes.

[5]) Diese Beweisführung ist zugleich das schärfste Argument gegen Welzels Behauptung, das Wesen der Amtsdelikte sei die Pflichtverletzung und nicht die Rechtsgutsverletzung (vgl. oben S. 19). Welzel kann die Bestrafung der Extranei als Teilnehmer an vorsätzlichen Sonderdelikten nicht erklären, da er beide Theorien, die die Bestrafung der Extranei als Teilnehmer begründen können, ablehnt (bezüglich der Schuldteilnahmetheorie: Lehrbuch § 16 I 4).

Ist das Wesen der militärischen Sonderdelikte die Rechtsgutsverletzung und nicht die Verletzung einer speziellen Rechtspflicht, so fragt es sich, warum soll derjenige nicht bestraft werden, der vorsätzlich einen Soldaten zur leichtfertigen Abgabe einer unwahren dienstlichen Meldung (§ 42 III WStG) veranlaßt, wenn der Veranlassende seinen Vorsatz auch auf den Eintritt der schwerwiegenden Folgen des § 2 Ziff. 3 WStG gerichtet hat. Zur Veranschaulichung sei folgendes Beispiel angeführt: Ein Soldat hat den Auftrag, zu beobachten, wieviel Panzerwagen des Gegners über die Straße von A-Dorf nach B-Dorf fahren. Ein Nichtsoldat lenkt den Soldaten absichtlich von seiner Aufgabe ab, indem er ihn zu einem Kartenspiel verleitet. Der Soldat beobachtet die Straße nur flüchtig, übersieht einige Panzerwagen und gibt infolgedessen leichtfertig eine falsche Meldung ab. Der Soldat wird wegen leichtfertiger Falschmeldung gemäß § 42 III WStG bestraft. Obwohl der Extraneus das durch § 42 WStG geschützte Rechtsgut nicht weniger stark beeinträchtigt hat, als wenn er den Soldaten zu einer vorsätzlichen Falschmeldung veranlaßt hätte, kann er nach der herrschenden Meinung nicht bestraft werden, weil die Teilnahme an fahrlässiger Haupttat nicht strafbar sei. — Ein anderes Beispiel mag die Strafwürdigkeit der Teilnahme an fahrlässiger Haupttat bei den militärischen Sonderdelikten verdeutlichen: Während eines Krieges oder einer Krisenzeit bietet ein nicht vertrauenserweckend aussehender Zivilist einem wachestehenden Soldaten Tee an, der mit viel Alkohol vermischt ist, ohne den Soldaten auf die Beimischung von Alkohol aufmerksam zu machen. Ein intelligenter Soldat erkennt den Alkohol im Tee und trinkt ihn, obwohl er weiß, daß er nach Genuß des Tees infolge der betäubenden Wirkung des Alkohols nicht mehr wachdienstfähig sein wird. Ein anderer Soldat, der weniger intelligent ist, erkennt die starke Beimischung von Alkohol nicht. Wenn dieser Soldat den Tee trinkt, handelt er fahrlässig, da er in Krisenzeiten damit hätte rechnen müssen, daß man versuchen wird, Soldaten, die wichtige Gegenstände bewachen, durch Einflößung von Narkotika kurzzeitig dienstunfähig zu machen; dies gilt insbesondere dann, wenn die Soldaten auf solche Gefahren hingewiesen worden sind. In beiden Fällen dieses Beispiels werden die Soldaten bestraft, wenn sie schuldhaft die Folge des § 2 III WStG verursacht haben, im ersten Fall wegen vorsätzlicher, im zweiten wegen fahrlässiger Wachverfehlung. Der Extraneus kann nach der herrschenden Meinung nur im ersten Fall wegen Anstiftung zur vorsätzlichen Wachverfehlung bestraft werden, obwohl er im zweiten Fall die Rechtsgüter des geordneten Wachdienstes und der Schlagkraft der Truppe ebenso stark beeinträchtigt wie im ersten Fall.

Kann der Extraneus die durch die militärischen Sonderdelikte geschützten Rechtsgüter auch beeinträchtigen, wenn der Intraneus als Vordermann fahrlässig handelt, so erscheint die Teilnahme an fahrlässiger Haupttat im Bereich der militärischen Sonderdelikte als strafwürdig[1]). Ist das Wesen der militärischen Sonderdelikte der Rechtsgüterschutz, so kann es bezüglich der Bestrafung des Extraneus als Hintermann nicht davon abhängen, ob der Vordermann vorsätzlich oder fahrlässig gehandelt hat. — Obwohl die Position und die Tätigkeitsmerkmale der Hintermänner in den angeführten Beispielen mehr das Bild von Tätern als von Teilnehmern abgeben, können die Hintermänner nur als Teilnehmer bestraft werden, weil nur der Intraneus beim Sonderdelikt als Täter bestraft werden kann. Anstifter- und Gehilfenstrafe müssen hier die Funktion einer subsidiären „Auffangvorrichtung" einnehmen, um dem Strafschutzbedürfnis genüge zu tun und um Strafbarkeitslücken zu schließen[2]).

Steuerdelikte (§§ 396, 402 RAO)

Das Problem der Teilnahme an fahrlässiger Haupttat gewinnt auch im Steuerstrafrecht neuerdings Bedeutung. Nach der noch herrschenden Meinung ist § 396 RAO kein Sonderdelikt, so daß der vorsätzlich an einer fahrlässigen Steuerhinterziehung des Steuerpflichtigen beteiligte Angestellte oder nicht steuerpflichtige Gesellschafter nach § 396 RAO als Täter bestraft werden kann, wenn er für den Steuerpflichtigen eine Steuerhinterziehung begeht[3]).

Eine andere Auffassung vertreten Troeger-Meyer[4]) und Thoma[5]), die unter Hinweis auf § 392 I RAO darlegen, alle Steuervergehen nach der Reichsabgabenordnung seien Pflichtverletzungen. Die Träger von Rechtspflichten seien in den §§ 103—108 RAO enumerativ aufgezählt. Deshalb seien die Steuerdelikte Sonderdelikte. Nach dieser Auffassung, die in Zukunft nach Ansicht des Bundesministers der Finanzen[6]) sich durchsetzen wird, werden die nachgeordneten Angestellten und die „Schwarzarbeiter der Steuerberatung" nicht mehr von § 396 RAO erfaßt, wenn der Steuerpflichtige nur fahrlässig handelt. Die hier in Zukunft drohende Strafbarkeitslücke läßt sich durch das Beispiel Troeger-Meyers[7]) verdeutlichen: Der Angestellte A des Unternehmers B hat bei der Bestandaufnahme zum 31. 12. 1956 einen Posten Ware im Werte

---

[1]) Min. Rat Neudeck, Bundesministerium für Verteidigung, teilte in einer Unterredung mit, daß die Teilnahme an fahrlässiger Haupttat bei militärischen Sonderdelikten vom Standpunkt seines Ministeriums für strafwürdig gehalten werden könne. Zur kriminalpolitischen Seite des Problems meinte er, wenn in ruhigen Zeiten wenig Angriffe von außen auf die Schlagkraft der Truppe erfolgen würde, so könne sich die Situation in Kriegs- und Krisenzeiten rasch ändern.

[2]) Vgl. Dahm S. 56 Anm. 115.

[3]) Hartung S. 43f.; Terstegen S. 101; Kühn § 396 Anm. 2d; BGH DStR 1952, 445; RG JW 31, 2311, JW 38, 2899, RStBl 1942, 267; RG 57, 218. Akt.-Z. von weiteren unveröffentlichten RG-Entscheidungen bei Thoma, Festschrift für Spitaler S. 247 Anm. 13.

[4]) S. 17ff.

[5]) Festschrift für Spitaler S. 241ff.

[6]) Stellungnahme S. 6.

[7]) S. 18f.

von DM 10000,— vorsätzlich ohne Wissen des B nicht in die Inventur aufgenommen und den um DM 10000,— zu niedrigen Warenbestand in die Steuerbilanz eingesetzt. B, der von diesem Sachverhalt keine Kenntnis hat, setzt infolgedessen einen um DM 10000,— zu niedrigen Bilanzgewinn in seine Einkommensteuererklärung 1956 ein, unterschreibt sie und reicht sie mit der unrichtigen Bilanz dem Finanzamt ein. B kann allenfalls leichtfertig gehandelt haben und wäre dann gemäß § 402 RAO zu bestrafen. Troeger-Meyer[1]) erkennt eine Teilnahme an unvorsätzlicher Haupttat an und vermeidet somit eine Strafbarkeitslücke. Thoma[2]) will die von Troeger-Meyer zu bestrafenden Fälle unbestraft lassen. Der Bundesminister der Finanzen[3]) schlägt vor, die „gefährliche Lücke" de lege ferenda durch eine Erweiterung des § 14 des Kommissionsentwurfes 1958 zu schließen[4]).

Das Beispiel Troeger-Meyers ist nicht das Produkt theoretischer Erwägungen; die Praxis kennt Fälle, in denen Angestellte aus eigenem Antrieb Steuerhinterziehungen für den Arbeitgeber begangen haben[5]). Der eigene Entschluß von Angestellten, Steuerhinterziehungen für den Arbeitgeber zu begehen, wird durch den Umstand gefördert, daß ältere kaufmännische Angestellte sich heute oft in einer Notlage befinden; werden sie entlassen, haben sie wenig Aussicht, wieder eingestellt zu werden[6]).

Sonderdelikte des Neben- und Ordnungsstrafrechts

Nicht nur im Wehrstrafrecht und im Steuerstrafrecht finden sich fahrlässige, Sonderdelikte sondern auch im Nebenstrafrecht, in den Strafbestimmungen der Verwaltungsgesetze von Bund und Ländern. Da die Bedeutung des Nebenstrafrechts für die Dogmatik heute kaum erkannt wird, erscheint es ratsam, vor der Aufstellung einiger strafwürdiger Fälle einen Überblick darüber zu geben, wieviel fahrlässige Sonderdelikte im Nebenstrafrecht es gibt.

Im Bundesrecht gibt es folgende fahrlässige Sonderdelikte im Nebenstrafrecht: §§ 297, 301 AktG; § 16 mit § 17 Flaggengesetz; § 10 Ziff. 5 und 6 Opiumgesetz; § 13 mit § 15 Impfgesetz; § 60 I Ziff. 4 Maß- und Gewichtsgesetz; § 30 mit § 24 Weingesetz[7]); § 17 mit § 9 Lebensmittelgesetz[8]) und §§ 24 II, 26 StVG. — Unberücksichtigt können bei der

---

[1]) S. 19.

[2]) S. 252.

[3]) Stellungnahme S. 7.

[4]) § 14 Kommissionsentwurf 1958 (= § 14 Kommissionsentwurf 1960) soll nach Ansicht des Bundesministers der Finanzen auch die gewillkürten Vertretungen erfassen.

[5]) Vgl. Terstegen ZFN 20/57 S. 121 (III), 123 (d); ZFN 6/56 Nr. 2 S. 30.

[6]) Vgl. Terstegen ZFN 20/57 S. 122; Arnold und Bergler S. 10.

[7]) Koch § 30 Anm. 1.

[8]) Die Strafvorschrift des § 11 Lebensmittelgesetz, auf die viele Verordnungen des Lebensmittelrechts verweisen, ist kein Sonderdelikt, da das „Herstellen" im Sinne dieser Bestimmung nicht auf das gewerbliche Herstellen beschränkt ist. Ist

Zusammenstellung die Strafbestimmungen solcher Gesetze bleiben, die die strafrechtliche Haftung der Extranei genau bestimmen und begrenzen[1]), weil hier Lücken strafwürdiger Fälle nicht entstehen können. Ein Schluß von diesen Bestimmungen auf die Strafbestimmungen anderer Nebengesetze dahingehend, daß die Extranei nur zu bestrafen seien, wenn dies ausdrücklich bestimmt ist, darf jedoch nicht gezogen werden; insbesondere deshalb nicht, weil die Tatbestände des Nebenstrafrechts im allgemeinen ohne bestimmte dogmatische Vorstellungen gefaßt worden sind.

Im Landesrecht von Nordrhein-Westfalen gibt es folgende fahrlässige Sonderdelikte: § 12 mit § 7 Reichsschulpflichtgesetz; §§ 7, 8, 12 der Verordnung über die Abgabe von Milch vom 28. April 1953 (1. MilchVO).

Im Landesrecht von Baden-Württemberg sind §§ 8, 10 des Gesetzes über die Impfung gegen Diphterie vom 25. Januar 1954 (GBl S. 5), die die Nichterfüllung der den Schulleitern aufgegebenen Pflichten als Zuwiderhandlungen ahndet ein fahrlässiges Sonderdelikt.

Im Landesrecht von Bayern gibt es folgende fahrlässige Sonderdelikte: §§ 26 IIIc, 15 des Gesetzes über das Apothekenwesen vom 16. Juni 1942 (BayBS II S. 307) bestrafen den Inhaber einer Apothekenbetriebserlaubnis, der betriebsfremde Waren in fahrlässiger Weise vertreibt. Gemäß § 127 Betriebsrätegesetz vom 25. Oktober 1950 (BayBS IV S. 586) wird bestraft, wer als Mitglied eines Betriebsrates Berichte des Arbeitgebers, deren Unrichtigkeit ihm bekannt sein mußte, gemäß § 58 dieses Gesetzes gegenzeichnet, sofern der Arbeitgeber wegen der unrichtigen Berichterstattung bestraft worden ist. Gem. Art. 4 des Gesetzes über die Prüfung der Filmvorführer vom 3. Juli 1951 (BayBS I S. 374) wird bestraft, wer als Filmtheaterbesitzer oder Veranstalter fahrlässig einen Filmvorführer ohne einen in Bayern gültigen Filmvorführerschein beschäftigt.

Im Landesrecht Hamburg ist § 41 der Baupolizeiverordnung für die Hansestadt Hamburg vom 8. Juni 1938 (Vbl S. 69)[2]) ein fahrlässiges Sonderdelikt.

Im hessischen Landesrecht gibt es folgende fahrlässige Sonderdelikte: § 33 des Vergnügungssteuergesetzes ahndet als Ordnungswidrigkeit die Nichtbefolgung bestimmter dem Veranstalter auferlegter Ordnungspflichten. §§ 10, 1 der Polizeiverordnung vom 31. März 1958 (GVbl S. 41) ahnden die Nichtbeachtung bestimmter dem Grundstückseigentümer

---

meist der Betriebsinhaber Täter und der Angestellte Gehilfe, so kann in Ausnahmefällen auch der Angestellte selbst Täter sein (vgl. Holthöfer-Juckenack Bd. 1 S. 282; Erbs, Lebensmittelgesetz § 11 Anm. 7; Stengleins Kommentar zu den strafrechtlichen Nebengesetzen Bd. I S. 753; RG JW 1902, 142, 1904. 589.

[1]) Z. B. § 151 GewO, § 13 Jugendschutzgesetz, § 99 Ziff. 5 GüKG..

[2]) Für die Innehaltung der baupolizeilichen Bestimmungen sind sowohl der Bauherr als auch der Bauleiter und Bauunternehmer verantwortlich.

Unbeschadet der Anwendung von Zwangsmitteln können Verstöße gegen die Bestimmungen dieser Verordnung, sofern sie nicht durch Bundesrecht mit Strafe bedroht sind, als Ordnungswidrigkeiten mit Geldbuße geahndet werden.

auferlegter Pflichten. §§ 13, 14 des Schulpflichtgesetzes vom 27. Mai 1950 (GVbl S. 68) regelt die gleiche Materie wie die §§ 7, 12 des in Nordrhein-Westfalen geltenden Reichsschulpflichtgesetzes[1]). §§ 15, 23 I Ziff. 2 des Katastergesetzes vom 3. Juli 1956 (GVbl S. 121) betrifft die Ahndung von Grundstückseigentümern, die die ihnen auferlegten Pflichten nicht richtig erfüllen. §§ 8, 25 I Ziff. 3 des Abmarkungsgesetzes vom 3. Juli 1956 (GVbl S. 124) ahndet Zuwiderhandlungen von Grundstückseigentümern. §§ 11, 69 des Forstgesetzes betreffen die Ahndung von Waldbesitzern, die ihren Wald nicht gegen tierische und pflanzliche Schädlinge, schädigende Naturereignisse und Feuer nach besten Kräften schützen.

Im niedersächsischen Landesrecht gibt es folgende fahrlässige Sonderdelikte: Gemäß §§ 7, 15 des Speiseeisgesetzes vom 29. September 1950 (NGVObl S. 56) werden Speiseeishersteller bestraft, die nicht für die einwandfreie Beschaffenheit des Speiseeises sorgen. §§ 23, 27, 28 I des Gesetzes über das öffentliche Schulwesen in Niedersachsen vom 14. September 1954 (NGVObl S. 89) ahnden als Ordnungswidrigkeit die Verletzung der Schulpflicht ebenso wie das in Nordrhein-Westfalen geltende Reichsschulpflichtgesetz[1]).

Im Landesrecht Schleswig-Holsteins gibt es folgende fahrlässige Sonderdelikte: Gemäß §§ 1, 4 der Verordnung zur Bekämpfung forstschädlicher Insekten vom 9. Juli 1949 (GVObl S. 165) können Zuwiderhandlungen von Waldbesitzern bestraft werden. Gemäß §§ 7 III, 8 I der Verordnung zur Regelung des Abholverkaufes von Milch und Sahne vom 18. Januar 1954 (GVObl S. 18) können Milcherzeuger bestraft werden, die fahrlässig ihre Abnehmer nicht darauf hinweisen, daß die Milch, die sie abgeben, roh ist. Gemäß §§ 13, 14, 15, 32 des Gesetzes über die Vergnügungssteuer im Lande Schleswig-Holstein vom 16. Juni 1956 (GVObl S. 120) werden fahrlässige Zuwiderhandlungen der Unternehmer bestraft. Ein fahrlässiges Sonderdelikt ist auch in den §§ 13, 14 des Gesetzes über die Schulpflicht vom 5. Dezember 1955 (GVObl S. 169) enthalten.

Hatte sich bereits bei den militärischen Sonderdelikten und bei den militärischen Sonderdelikten und bei den Steuerstraftatbeständen nach der Auslegung Troeger-Meyers gezeigt, daß die Nichtbestrafung der Teilnahme an fahrlässiger Haupttat zu Strafbarkeitslücken führt, so ist zu untersuchen, ob solche Strafbarkeitslücken auch bei den oben angeführten fahrlässigen Sonderdelikten des Nebenstrafrechts auftreten können. — Meist sind diese Tatbestände Ordnungswidrigkeiten. Sie dienen nicht dem Rechtsgüterschutz wie die Delikte des Kriminalstrafrechts, sondern sie sind geschaffen worden, um „eine Beeinträchtigung der zeit- und systemgebundenen Verwaltungstätigkeit des Staates"[2]) zu schützen. Durch den Ungehorsam eines Bürgers dem Staat gegenüber entsteht ein

---

[1]) Vgl. oben S. 28.

[2]) Maurach AT § 1 III B 2; vgl. auch Lange, Die Sanktionen im Wirtschaftsstrafrecht S. 221.

Verwaltungsschaden. Der Verwaltungsungehorsam steht zum Verwaltungsschaden im gleichen Verhältnis wie die Rechtspflichtverletzung zur Rechtsgutsverletzung im Kriminalstrafrecht; nur stehen die Begriffe Verwaltungsungehorsam und Verwaltungsschaden auf einer anderen Ebene als die Begriffe Rechtspflichtverletzung und Rechtsgutsverletzung[1]). Auch bei den fahrlässigen Sonderdelikten des Nebenstrafrechts kann der Extraneus in der Regel den Verwaltungsschaden verursachen[2]).

Nach den theoretischen Erörterungen seien nun einige der oben angeführten fahrlässigen Sonderdelikte des Nebenstrafrechts auf Lücken untersucht, die entstehen können, wenn die Teilnahme an fahrlässiger Haupttat nicht bestraft wird. — Der Bundesgerichtshof[3]) meint, bei den Straftatbeständen des Opiumgesetzes könnten keine Lücken auftreten. Dies stimmt jedoch nur dann, wenn derjenige, der den Arzt zur fahrlässig unrichtigen Verschreibung von Betäubungsmitteln veranlaßt, zugleich diese Betäubungsmittel unberechtigt selbst erwirbt. Es sind aber Fälle denkbar, in denen ein Arzt zu einer Verschreibung von Betäubungsmitteln für einen Dritten von einem, der gar nicht selbst die Narkotika erwerben will, veranlaßt wird. Im übrigen wird durch die Entscheidung BGH 9, 370 bestätigt, daß die problematischen Fälle der Frage, ob Teilnahme an fahrlässiger Haupttat möglich ist, im Nebenstrafrecht zu suchen sind.

Die §§ 16, 17 Flaggengesetz sind für die Auffindung von Lücken unergiebig, weil man sich hier kaum vorstellen kann, wie ein Extraneus das durch diese Bestimmungen geschützte Rechtsgut verletzen kann. Auch Fälle der Verbotsfahrlässigkeit dürften bei diesem Delikt kaum vorkommen, da die einfachen Bestimmungen des Flaggenrechts jedem Kapitän und Schiffer bekannt sein werden.

Beim Impfgesetz kann der Fall eintreten, daß ein Lehrer, der im Gegensatz zum Schulleiter Schüler kennt, die impfpflichtig sind, den Schulleiter veranlaßt, nicht für die Impfung dieser Schüler zu sorgen. Für eine solche Handlung eines Lehrers kann der Wunsch, dem Lieblingsschüler, der sich vor der Impfung fürchtet, einen Gefallen zu tun, Motiv sein. Der Schulleiter wäre unter Umständen gemäß § 15 in Verbindung mit § 13 Impfgesetz wegen fahrlässigen Verstoßes gegen dieses Gesetz zu bestrafen. Es ist nicht einzusehen, warum der Lehrer, der das Verwaltungsgut der ordentlichen Durchführung der Impfaktion verletzt hat, nur bestraft werden soll, wenn der Schulleiter vorsätzlich handelt. Ob der Vordermann vorsätzlich oder fahrlässig handelt, beeinflußt die Stärke des Angriffs des Hintermanns auf das Verwaltungsgut nicht.

---

[1]) Für diese Unterscheidung Lange JZ 56, 73, 519, JZ 57, 232, GA 53, 3; Wimmer NJW 57, 1169; Rotberg S. 26f.; E. B. Schmidt, Materialien S. 17; dagegen Welzel, Lehrbuch § 4 I 1, JZ 56, 240.

[2]) Ausnahmen bestehen nur insoweit, als sich aus dem Tatbestand des jeweiligen Deliktes durch Auslegung ermitteln läßt, daß es nur dem Intraneus tatsächlich möglich ist, den Verwaltungsschaden herbeizuführen.

[3]) BGH 9, 370.

Bei den Strafbestimmungen des Impfgesetzes sind auch Fälle denkbar, bei denen der Schulleiter verbotsfahrlässig handelt, der an der Tat beteiligte Lehrer das Verbot jedoch kennt. Durch die Irrtumslehre Langes entsteht hier eine Lücke, denn diejenigen, die die Schuldtheorie auch für das Nebenstrafrecht vertreten, können hier den Lehrer als Extraneus wegen Teilnahme an vorsätzlicher Haupttat bestrafen. Dieser Weg ist Lange und seinen Anhängern, nach denen der Intraneus fahrlässig handelt, verstellt.

Bei den Verstößen gegen das Maß- und Gewichtsgesetz scheint als fahrlässige Begehungsart beim Haupttäter nur Verbotsfahrlässigkeit vorstellbar zu sein.

Strafwürdig erscheint auch die Verleitung eines Beamten der Ordnungsbehörde oder eines Weinkontrolleurs, die bei der Überwachung von Lebensmittelbetrieben oder Weinkellereien erfahrenen Betriebsgeheimnisse fahrlässig an Unbefugte zu berichten.

Im Fall des § 21 II StVG ist denkbar, daß ein Kraftfahrzeughalter fahrlässigerweise nicht erkannt hat, daß der eingestellte Kraftfahrzeugführer keinen Führerschein besitzt, daß der Sohn des Kraftfahrzeughalters oder ein Angestellter den Irrtum des Halters jedoch vorsätzlich herbeigeführt hat, um dem Kraftfahrer ohne Führerschein zu einer Anstellung zu verhelfen. In dem geschilderten Fall erscheint der Extraneus besonders strafwürdig, weil er den Straßenverkehr stärker als der Halter gefährdet.

Auch bei den fahrlässigen Sonderdelikten der Länderrechte ergeben sich Strafbarkeitslücken. Während beim Verstoß gegen § 7 der 1. Milchverordnung von Nordrhein-Westfalen nur Fälle der Verbotsfahrlässigkeit des Betriebsinhabers denkbar sind, ist im Fall der §§ 8, 12 der 1. Milchverordnung eine Teilnahme des Extraneus an der tatfahrlässigen Handlung des Intraneus derart vorstellbar, daß ein Verwalter des Betriebsinhabers vorsätzlich einer anderen als in § 8 genannten Person Landbutter abgibt; dem Betriebsinhaber selbst aber nur der Vorwurf der mangelnden Überwachung des Verwalters zu machen ist. Der Verwalter ist hier als der Hauptverursacher des Verwaltungsschadens mindestens ebenso strafwürdig wie der fahrlässig handelnde Betriebsinhaber.

Nach §§ 13, 14 II Reichsschulpflichtgesetz ist derjenige strafbar, der den Sorgeberechtigten, Lehrherrn oder Leiter eines Betriebes bestimmt, nicht dafür zu sorgen, daß der Schulpflichtige seine Pflicht erfüllt. Das Wort „bestimmen" weist auf § 48 StGB hin. Der Verwaltungsschaden, der durch die Strafbestimmungen des Reichsschulpflichtgesetzes verhütet werden soll, tritt auch ein, wenn der Geselle, der einen Lehrling zu seiner Hilfe während der Berufsschulstunden brauchen will, den Meister nicht zur vorsätzlichen, sondern zur fahrlässigen Pflichtverletzung nach § 13 Reichsschulpflichtgesetz veranlaßt. — Aber auch der Geselle erscheint strafwürdig, der den schulpflichtigen Lehrling bewußt von der Schule fernhält, während der Meister nur in fahrlässiger Weise seine Verpflichtung gemäß § 13 III Reichsschulpflichtgesetz durch Vernachlässigung der Aufsicht im Betrieb nicht nachkommt. Da der Geselle nicht als Täter bestraft werden kann, ist eine Bestrafung als Gehilfe zu erwägen[1]). Die gleichen Strafbarkeitslücken treten nach §§ 27, 28 des niedersächsischen, §§ 13, 14 des hessischen und §§ 13, 14 des schleswig-holsteinischen Schulpflichtgesetzes auf.

Strafbarkeitslücken können auch bei Übertretung der niedersächsischen Speiseeisverordnung entstehen, wenn der Gehilfe des Eisdielenbesitzers vorsätzlich nicht einwandfreies Eis herstellt, der Eisdielenbesitzer seiner Verpflichtung nach § 7 dieser Verordnung nur fahrlässig nicht nachkommt.

Strafwürdige Fälle bleiben auch unbestraft, wenn ein Provisor entgegen dem Verbot des § 15 des Bayrischen Apothekengesetzes betriebsfremde Waren vorsätzlich verkauft, während der Inhaber es nur an der nötigen Aufsicht hat mangeln lassen.

Ebenso wie bei § 24 II StVG Lücken auftreten können[2]), so kann bei Art. 4 des bayrischen Gesetzes über die Prüfung der Filmvorführer ein strafwürdiger Fall dadurch eintreten, daß ein Filmtheaterbesitzer von einem Dritten, der weiß, daß der Filmvorführer keine Prüfung abgelegt hat, veranlaßt wird, das Zeugnis sich von dem neu eingestellten Filmvorführer nicht vorlegen zu lassen.

Auch in den Fällen des § 19 II Ziff. c und d des bayrischen Tierzuchtgesetzes ist es möglich, daß bei großen Gestüten oder sonstigen Tierzuchtbetrieben ein Angestellter des Tierhalters die Deckscheine oder Deckbücher unter der mangelhaften Aufsicht seines Arbeitgebers falsch führt. Soll ein Verwaltungsschaden verhütet werden, dann reicht die Bestrafung der Fahrlässigkeit des Verwalters nicht aus, auch der vorsätzlich handelnde untergeordnete Angestellte muß bestraft werden.

Strafbarkeitslücken im Nebenstrafrecht können auch bei Verstößen gegen das hessische Vergnügungssteuergesetz entstehen. Entwertet ein Angestellter des Veranstalters die Karte nicht ordnungsgemäß oder erfüllt er eine andere in diesem Gesetz aufgeführte Vorschrift vorsätzlich nicht und verletzt der Veranstalter seine Pflicht nur fahrlässig, dann erscheint auch der vorsätzlich handelnde Angestellte strafwürdig. Das gleiche gilt auch für die Bestimmungen des schleswig-holsteinischen Vergnügungssteuergesetzes.

---

[1]) Die Bestrafung der Beihilfe zu Übertretungen ist nach § 49 StGB nicht vorgesehen. Nach § 31 Kommissionsentwurf 1960 ist eine solche Beschränkung der Gehilfenstrafe nicht mehr vorgesehen. Nach § 10 OWiG ist die Beihilfe grundsätzlich strafbar. Diese Regelung erscheint zum ausreichenden Schutz der Verwaltungsgüter angebracht. In Anbetracht dieser Entwicklung werden in dieser Arbeit auch die Übertretungen teilweise bereits unter dem Gesichtspunkt der Beihilfe untersucht. Beispiele von Lücken lassen sich in diesen Fällen auch unter dem Gesichtspunkt der Anstiftung und Verleitung zur fahrlässigen Haupttat bilden.

[2]) Vgl. oben S. 31.

Die dogmatische Untersuchung der Teilnahme an fahrlässiger Haupttat

Das Wesen der Teilnahme

Die bisherigen Ausführungen haben gezeigt, daß ohne die Bestrafung der Teilnahme an fahrlässiger Haupttat eine Anzahl von Strafbarkeitslücken offen bleiben. Da aber nur dann ein Problem nach dem Gesichtspunkt der Strafwürdigkeit zu entscheiden ist, wenn eine solche Lösung dogmatisch durchführbar ist, muß nun geprüft werden, ob die Teilnahme an fahrlässiger Haupttat dogmatisch gerechtfertigt ist.

Mit dem Wortsinn der §§ 48, 49 StGB ist eine Teilnahme an fahrlässiger wie auch an unvorsätzlicher Haupttat vereinbar. Der Bundesgerichtshof[1]) meint zwar, ,,bestimmen" bedeute nichts anderes als Hervorrufen eines Entschlusses, eine strafbare Handlung zu begehen[2]). Aber selbst Bockelmann gibt zu, daß das Wort ,,bestimmen" nicht unbedingt nur auf ein Beeinflussen des Haupttäterwillens hindeute[3]). Hinzu kommt, daß Peltzer in seiner Synonymik[4]) als sinnverwandte Ausdrücke von ,,bestimmen" unter anderen auch die Wörter ,,herbeiführen" und ,,bewirken" anführt[5]). — Auch Lange[6]) meint, daß man zur tatfahrlässigen Handlung nicht anstiften könne, etwas anderes gelte für die rechtsfahrlässigen Handlungen, denn hier handele der Täter immerhin noch mit natürlichem Vorsatz. Erkennen wir aber an, daß man zur tatfahrlässigen Handlung nach dem Wortsinn des § 48 StGB anstiften kann, so erübrigt sich für uns eine Differenzierung zwischen Tat- und Rechtsfahrlässigkeit.

,,Wissentlich Hilfe leisten" kann man auch zu einer Handlung, die nur fahrlässig vom Haupttäter begangen wird. Aus dem ,,wissentlich Hilfe leisten" läßt sich durch Wortinterpretation nicht der Schluß ziehen, daß der Gehilfe sich dem Täter unterordnen müsse.

Bezüglich der Anstiftung behauptet Bockelmann[7]), sie sei ein rechtlicher Begriff, der seit langer Zeit unverruckbar feststehe. Dem stimmt Tröndle[8]) mit dem Hinweis auf die stetige Rechtsprechung des Reichsgerichts zu, obwohl er andererseits nicht übersehen hat, daß Binding[9]), Berner[10]) und M. E. Mayer[11]) eine Anstiftung zur fahrlässigen Haupttat für möglich hielten. Daß die Begriffe Täterschaft und Teilnahme nicht so

[1]) BGH 9, 370 (379).
[2]) Dagegen Kantorowicz S. 112.
[3]) Täterschaft und Teilnahme S. 47.
[4]) S. 98.
[5]) Dem Sprachgebrauch kommt allerdings nur ein Wert als Indiz und als Begrenzung der Auslegungsmöglichkeit zu (vgl. Schwinge, Teleologische Begriffsbildung im Strafrecht S. 48, 52).
[6]) Kohlrausch-Lange § 48 Anm. V.
[7]) Täterschaft und Teilnahme S. 47.
[8]) GA 56 S. 135.
[9]) Grundriß I S. 152, Normen IV S. 638ff.
[10]) S. 165.
[11]) S. 407f.

fest eingewurzelt sind wie Tröndle und Bockelmann meinen, zeigt sich daran, daß die Abgrenzung von Täterschaft und Teilnahme lange umstritten war. Hätte unverrückbar festgestanden, was Beihilfe ist, hätte es keinen „Badewannenfall“[1]) geben können. — Hinzu kommt, daß eine Auslegungsmethode, die nur auf Tradition beruht, einer teleologischen Auslegung, die neue Strafbedürfnisse berücksichtigt, weichen muß[2]).

Es ist zu untersuchen, ob die Teilnahme an fahrlässiger Haupttat mit dem Wesen der Teilnahme vereinbar ist. Das Wesen der Teilnahme wird mit zwei Theorien erklärt: der Verursachungs- und der Schuldteilnahmetheorie[3]). Nach der Verursachungstheorie wird der Anstifter oder Gehilfe deshalb bestraft, weil er mitgewirkt hat, daß ein strafrechtlich geschütztes Rechtsgut durch eine Handlung des Täters verletzt oder gefährdet wird.[4]) Die Schuldteilnahmetheorie sieht das Wesen der Teilnahme in der Korruption des Täters[5]) oder in der Willenseinigung des Teilnehmers mit dem Täter[6]).

Daß die Verursachungstheorie der Bestrafung der Teilnahme an fahrlässiger Haupttat nicht entgegensteht, bedarf keiner Untersuchung. — Aber auch die Korruptionstheorie, die in ihrer ursprünglichen Form den Anstifter wegen des Seelenverderbnisses bestraft und dem Verführungsgedanken im Sinne der katholischen Moraltheologie[7]) nahesteht, läßt sich mit einer Bestrafung der Teilnahme an fahrlässiger Haupttat vereinbaren. Denn auch der, der einen anderen zur strafbaren Fahrlässigkeit verführt, verdirbt ihn und läßt den Täter schuldig werden. Ebenso schwächt der an der fahrlässigen Haupttat als Gehilfe Beteiligte die Gewissensanspannung des Täters und führt so sein Schuldig-Werden herbei[8]).

Nur mit der Willenseinigungstheorie, die neuerdings H. Mayer vertritt, ist die Teilnahme an fahrlässiger Haupttat nicht vereinbar, denn eine Willenseinigung des Teilnehmers ist nur mit einem vorsätzlich handelnden Haupttäter möglich[9]). Es ist zu prüfen, ob die Willenseinigungstheorie richtig ist und ob man aus ihr Gründe gegen die Bestrafung der Teilnahme an fahrlässiger Haupttat herleiten kann. H. Mayer leitet seine neue Theorie aus dem einzigen Strafgrund ab, „der alle herkömmlicher-

---

[1]) RG 74, 84.

[2]) Gegen Bockelmann auch Lange ZStW 63, 503.

[3]) Zur Schuldteilnahmetheorie in der Form der Korruptionstheorie vgl. oben S. 23.

[4]) Vgl. Kohlrausch-Lange vor § 47 Anm. C II 2; Welzel, Lehrbuch § 16 I 4; BGH 4, 358.

[5]) So H. Mayer, Das Strafrecht des deutschen Volkes S. 334; Less ZStW 69, 46f.

[6]) So H. Mayer, Rittlerfestschrift S. 224.

[7]) Vgl. Häring S. 897f.; auch Less ZStW 69, 52f.

[8]) Daß die Korruptionstheorie nur auf die Anstiftung zugeschnitten ist, wie Bockelmann (Beiträge S. 50) meint, stimmt nicht. Der Gehilfe verstärkt in der Regel die Laxheit des Täters bei der Erfüllung seiner Pflichten, die er der menschlichen Gesellschaft und dem Staat gegenüber hat (vgl. auch die Stellung der katholischen Moraltheologie zu diesem Problem: Häring S. 913f.; Schilling S. 312).

[9]) Vgl. H. Mayer, Rittlerfestschrift S. 255.

weise strafbaren Fälle der Teilnahme als strafwürdig qualifiziert". Dieser Strafgrund sei darin zu finden, daß einerseits die Tat wirklich geschehen ist, andererseits der Teilnehmer seinen Willen mit dem schuldhaften Täterwillen vereinigt und den Entschluß zu einer solchen Handlung zum Zwecke der Tatunterstützung hinreichend bestätigt habe. Wie H. Mayer zu diesem einzigen Strafgrund gelangt, sagt er nicht. Da der Willenseinigungstheorie im Gegensatz zur Korruptionstheorie eine historische Grundlage fehlt und H. Mayer die Herleitung seiner neuen Theorie nicht aufgezeigt hat, ist sie zunächst als Behauptung zu werten. Die dogmatische Begründung für solche Behauptungen läßt sich allenfalls über die Motive, die zu dieser Behauptung geführt haben, ermitteln. H. Mayer gibt als Beweggrund für seine neue Lehre an[1]), daß er den Angriffen der Gegner der Schuldteilnahmetheorie, der Korruptionsgedanke passe nur auf die Anstiftung[2]), ausweichen wolle. H. Mayer hat, um zu dem Strafgrund der Teilnahme zu gelangen, das Gemeinsame von Anstiftung und Gehilfenschaft zu vorsätzlicher Haupttat ausgeklammert. Als für beide Teilnahmeformen gemeinsamen Kern fand H. Mayer die Willenseinigung. Eine solche Methode, das gemeinsame Wesen von zwei Begriffen zu bestimmen, ist an sich statthaft. Nur ist es verfehlt, daß man zunächst bei der Erfassung des Wesens zweier Begriffe bestimmte Erscheinungsformen dieser Begriffe[3]) nicht berücksichtigt und dann später aus dem so gewonnenen Wesen dieser Begriffe den Schluß herleitet, die bei der Herauskristallisierung des Wesens der beiden Begriffe nicht berücksichtigten Erscheinungsformen seien nicht für diese Begriffe wesenhaft[4]). Die Mayersche Willenseinigungstheorie beweist demnach nicht, daß eine Teilnahme an fahrlässiger Haupttat mit dem Wesen der Teilnahme nicht zu vereinbaren sei.

Die Teilnahme an unvorsätzlicher und damit auch an fahrlässiger Haupttat wird als unvereinbar mit der materiell-objektiven Teilnahmetheorie angesehen, die mit Hilfe des Begriffes Tatherrschaft Täterschaft und Teilnahme voneinander scheidet[5]). Die materiell-objektive Teilnah-

---

[1]) Rittlerfestschrift S. 255.

[2]) Daß dieser Angriff zu Unrecht erfolgt, wurde bereits oben S. 34 Anm. 8 gezeigt.

[3]) Die Teilnahme an fahrlässiger Haupttat.

[4]) Im übrigen ist der Teil des neuen Mayerschen Teilnahmestrafgrundes falsch, der bestimmt, daß die Haupttat wirklich geschehen sein müsse. H. Mayer hat diese Einschränkung in seiner Theorie aufgenommen, um dem Vorwurf aus dem Wege zu gehen, die Schuldteilnahmetheorie zwinge zur Bestrafung des agent provocateur. Mayer hat übersehen, daß der Versuch ein allgemeiner Strafausdehnungsgrund ist, der den Rechtsgüterschutz vorverlegt und daß diese Bestimmung auch für die Teilnahmehandlung insofern Bedeutung hat, als Teilnahme an versuchter Haupttat strafbar ist, wenn der Teilnehmer den Erfolg gewollt hat. Nach H. Mayers neuer Lehre kann jedoch ein Teilnehmer nicht mehr wegen versuchter Teilnahme bestraft werden, wenn die Tat des Haupttäters entgegen der Absicht des Teilnehmers im Versuch steckenbleibt.

[5]) Kommissionsentwurf 1960 S. 141.

metheorie ist heute bereits in der Lehre herrschend[1]). Der Kommissionsentwurf der großen Strafrechtskommisison schlägt zwar nicht vor, diese Theorie gesetzlich zu verankern, hat ihr jedoch ausdrücklich Raum gelassen[2]). — Die sich in einem Übergangsstadium befindliche Rechtsprechung des Bundesgerichtshofes[3]) steht trotz ihres subjektiven Ausgangspunktes praktisch schon auf dem Boden der materiell-objektiven Theorie. Da der Täterwille sich praktisch niemals feststellen läßt, wird er von der Rechtsprechung immer unterstellt, nachdem an Hand der äußeren objektiven Umstände und dem Verhältnis der Personen untereinander festgestellt worden ist, daß die Beteiligung als Mittäterschaft oder Gehilfenschaft zu werten ist[4])[5]).

Da das Problem der Teilnahme an fahrlässiger Haupttat nach dem Stand der Untersuchung vor allem für die Sonderdelikte von Bedeutung ist, ist zu klären, in welchem Verhältnis die besonderen täterschaftlichen Elemente dieser Delikte zur Tatherrschaft stehen. — Ist das Fehlen der besonderen täterschaftlichen Merkmale ohne Einfluß auf die Tatherrschaft, so hat der vorsätzlich an der fahrlässigen Tat des Intraneus Beteiligte wegen seiner größeren Kenntnis um den unerwünschten Erfolg die Tatherrschaft. Wenn das Fehlen der täterschaftlichen Elemente die Frage der Tatherrschaft nicht beeinflußt, dann würde die Lehre von der Tatherrschaft grundsätzlich gegen die Teilnahme an unvorsätzlicher Haupttat sprechen. Schließt dagegen das Fehlen der täterschaftlichen Elemente die Tatherrschaft aus, dann kann der vorsätzlich handelnde Extraneus niemals die Tatherrschaft haben. Zu prüfen bleibt dann, ob der fahrlässig handelnde Intraneus die Tatherrschaft haben kann.

Tröndle[6]) trennt die Frage nach der Tatherrschaft ausdrücklich von der Frage nach den täterschaftlichen Elementen. Welzel scheint in seinem Lehrbuch die Frage nach den besonderen täterschaftlichen Elementen von der Frage nach der Tatherrschaft getrennt zu haben[7]), wogegen er früher[8]) eine finale und eine soziale Tatherrschaft unterschied und beim Fehlen der besonderen täterschaftlichen Elemente dem Vordermann die „Herrschaft über die Tat in ihrem ganzen sozial-ethischen Unwert" absprach. Gallas[9]) bezieht den Begriff der Tatherrschaft auf den jeweiligen

[1]) Vgl. Kohlrausch-Lange vor § 47 Anm. I 1 u. 3; Welzel, Lehrbuch § 15 I, ZStW 58, 549ff.; Maurach AT § 49 II C; Gallas, Materialien I S. 121, DRZ 50, 67, Beiträge S. 7ff.

[2]) Kommissionsentwurf 1960 S. 141.

[3]) BGH 8, 393; BGH JR 55, 304; MDR 54, 529; NJW 56, 920 Nr. 22 a. E.; BGH 9, 370.

[4]) Vgl. Schwalm MDR 55, 371; Kalthoener NJW 56, 1664 rechts.

[5]) Eine Auseinandersetzung mit den Angriffen Hardwigs GA 54, 354 und Baumanns JZ 58, 230 muß in dieser Arbeit unterbleiben, da eine solche Untersuchung den Rahmen der Arbeit sprengen würde.

[6]) GA 56, 151.

[7]) Lehrbuch § 15 II 3: „wo die Täterschaft außer der finalen Tatherrschaft noch spezielle täterschaftliche Merkmale voraussetzt".

[8]) ZStW 58, 491 (543).

[9]) Beiträge S. 13.

Tatbestand, so daß bei den Sonderdelikten der vorsätzlich handelnde Extraneus keine Tatherrschaft haben kann. Auch Lange sieht in der Tatherrschaft einen tatbestandsbezogenen Begriff, wenn er davon spricht, daß die Täter der Sonderdelikte die Tatherrschaft exklusiv besäßen[1]).

Das aufgeworfene Problem ist mehr als eine Ordnungsfrage, da von ihr die Entscheidung über die Teilnahme an fahrlässiger Haupttat mit abhängt. Richtig ist die Auffassung, die die Tatherrschaft tatbestands- und unrechtsbezogen auffaßt, wie folgende Erwägung beweist. Es gibt Tatbestände, die verselbständigte Teilnahmehandlungen sind[2]). Würde die Tatherrschaft nur handlungs- und nicht tatbestandsbezogen aufgefaßt, so könnten diejenigen, die die Tatbestände der angeführten Delikte verwirklichen, nicht als Täter, sondern nur als Teilnehmer bestraft werden. Im Fall der Kuppelei wäre eine Bestrafung in den meisten Fällen wegen der Straflosigkeit der einfachen Unzucht sogar unmöglich. — Ist somit festgestellt, daß der Extraneus keine Tatherrschaft haben kann, so bleibt zu prüfen, ob der fahrlässig handelnde Intraneus die Tatherrschaft haben kann.

Welzel meint, die Tatherrschaft sei nur ein Kriterium, um Teilnahme von Täterschaft bei den vorsätzlichen Delikten zu scheiden[3]). Bei den fahrlässigen Delikten gäbe es keine Teilnehmer sondern nur Täter. Nach Welzel ist fahrlässiger Täter jeder, der einen Erfolg fahrlässig verursacht. Eine Tatherrschaft ist nach ihm bei den fahrlässigen Tätern nicht möglich, da diese infolge der Irrung über den Kausalverlauf nur ein begrenztes finales Steuerungsvermögen haben[4]).

Welzel wird von Engisch stark angegriffen, nach dem vermutlich die Unterscheidungsmerkmale, die bei den vorsätzlichen Handlungen zur Abgrenzung von Täterschaft und Teilnahme dienen, auch für die fahrlässigen Delikte gelten müßten, zumal die Grenze zwischen Vorsatz und Fahrlässigkeit sehr flüssig sei[5]). Auch Gallas hält es für möglich, daß die Tatherrschaft, die finale Sinnbeziehung zum tatbestandsmäßigen Erfolg, auch beim bewußt fahrlässig handelnden Täter möglich ist[6]). — Die Tatherrschaft darf keine Formel sein[7]), sie muß ein wertender Begriff sein,

[1]) Kohlrausch-Lange vor § 47 Anm. I 3 — Aber schon im „Modernen Täterbegriff" (S. 39f.) hat Lange — soweit ersichtlich zum ersten Male in der Literatur — den Täterbegriff auf den Tatbestand bezogen: „Täter ist, wer tatbestandsmäßig handelt".

[2]) Z. B. §§ 109b, 180, 210, 357 StGB.

[3]) ZStW 58, 540.

[4]) Diese Auffassung Welzels wird durch seine Definition der Tatherrschaft bestimmt. Wenn der Vorsatz als das generelle Element der Tatherrschaft angesehen wird (Welzel, Lehrbuch § 15 I 1), so wird damit zwar die Tatherrschaft als finaler Begriff ausgestaltet, gleichzeitig wird diesem Begriff damit seine Elastizität und die Möglichkeit entzogen, in allen Fällen das Gewicht der Tatbeiträge richtig zu werten.

[5]) Engisch, Kohlrauschfestschrift S. 176.

[6]) Materialien I S. 130, 146; Beiträge S. 27.

[7]) Die Gefahr allzu formelhafter Festlegung besteht bei Maurach AT § 49 II C und Welzel § 15 I 1; Kohlrausch-Lange vor § 47 Anm. I 1 u. 3 hat eine weniger scharfe, aber deshalb brauchbarere Tatherrschaftsdefinition.

der die Stärke der Persönlichkeit und die soziale Stellung der Tatbeteiligten und ihre Handlungsmöglichkeit im konkreten Fall erfassen kann. Die Tatherrschaft muß, wenn sie die oben angeführten Aufgaben erfüllen soll, auch ein relativer Begriff sein, das heißt, sie braucht nicht immer gleich stark zu sein, um die Täterschaft zu begründen. Das zeigt sich an folgender Erscheinung. Es gibt eine faktische und eine schwächere Form der Tatherrschaft, die potentielle Tatherrschaft. Zur Begründung der Täterschaft bei einer Tat durch vorsätzliches Handeln ist die faktische Tatherrschaft, das wirkliche In-die-Hand-Nehmen des tatbestandsmäßigen Geschehensablaufes zur Begründung der Täterschaft notwendig, während bei den unechten Unterlassungsdelikten die potentielle Tatherrschaft, die zugleich konstitutives Element dieser Delikte ist[1]), zur Begründung der Tatherrschaft ausreicht. Ist allerdings der Erfolg, den eine Person durch Unterlassen verursacht, zugleich durch vorsätzliches Handeln eines anderen verursacht worden, so wird die an sich zur Begründung einer Täterschaft durch Unterlassen ausreichende potentielle Tatherrschaft durch die stärkere faktische Tatherrschaft des Täters durch Handeln verdrängt. Das hat zur Folge, daß ein Unterlassender in der Regel nur Gehilfe sein kann, wenn an seiner Tat ein anderer durch Handeln beteiligt ist[2])[3]).

Muß für die Begründung der Täterschaft bei den unechten Unterlassungsdelikten die potentielle Tatherrschaft genügen, so könnte das gleiche auch für die fahrlässigen Delikte gelten. Sowohl im Fall der unechten Unterlassungsdelikte als auch im Fall der Fahrlässigkeitsdelikte hat der Täter die Pflicht, einen sozial unerwünschten Erfolg zu vermeiden, durch Nicht-Handeln nicht erfüllt. Die erwartete Pflichterfüllung kann aber in beiden Fällen nur gefordert werden, wenn der Täter die Pflicht erfüllen und den Erfolg vermeiden kann[4]). Nicht nur im Fall der unechten Unter-

[1]) Nur die Nichtabwendung eines Erfolges, den die Täter hätten abwenden können, ist eine rechtswidrige Unterlassung. Die Einwohner von Berlin können nicht die Rettung eines im Rhein Ertrinkenden unterlassen (Welzel, Lehrbuch § 25 I).

[2]) Für ein anderes Ergebnis: Schönke-Schröder vor § 47 Anm. IVb.

[3]) Gallas (JZ 52, 372) demonstriert das Verhältnis von faktischer und potentieller Tatherrschaft an dem Fall, den das Urteil BGH 2, 150 zu entscheiden hatte. Der sich selbst tötende Ehemann hat nach Gallas im Fall dieser Entscheidung, solange er bei Bewußtsein ist, die faktische Tatherrschaft, die die potentielle Tatherrschaft der Ehefrau überschattet. Erst wenn der Mann durch Verlust seines Bewußtseins die faktische Tatherrschaft verliert, kommt die potentielle Tatherrschaft der Frau zum Zuge und vermittelt ihr die Täterschaft. — Als Anschauungsfall läßt sich BGH 2, 150 gut benutzen, obwohl Gallas ihn falsch löst, wie Dreher (MDR 52, 712) richtig bemerkt: Der Selbstmord ist kein Tatbestand, sondern ein strafrechtlich irrelevanter Vorgang. Da die Tatherrschaft tatbestandsbezogen ist und nicht in Sinne einer Handlungsherrschaft verstanden wird (vgl. oben S. 36f.), kann es beim Selbstmord keine Tatherrschaft geben, die vom Vordermann auf den Hintermann überwechseln könnte. Wenn man den Fall BGH 2, 150 als Anschauungsfall benutzt, muß man unterstellen, es gäbe einen Straftatbestand, der Selbstmord unter Strafe stellt.

[4]) Vgl. z. B. Welzel bezüglich der Fahrlässigkeit: Lehrbuch § 18 bezüglich der unechten Unterlassungsdelikte § 25 I.

lassungsdelikte sondern auch im Fall der Fahrlässigkeitstaten scheint daher die potentielle Tatherrschaft ein konstitutives Element der beiden deliktischen Erscheinungsformen zu sein. Da bei den unechten Unterlassungsdelikten die potentielle Tatherrschaft zur Begründung der Täterschaft dann ausreichen muß, wenn sie nicht mit der faktischen Tatherrschaft eines anderen Tatbeteiligten konkurriert, müßte das gleiche auch für die fahrlässigen Delikte gelten.

Nun läßt sich aber die potentielle Tatherrschaft in ihrer Funktion als Kriterium zur Scheidung von Täterschaft und Teilnahme nicht allein aus der Möglichkeit für den Täter herleiten, den sozialethisch unerwünschten Erfolg vermeiden zu können. Denn wenn das der Fall wäre, müßte die „potentielle Tatherrschaft" der unbewußten Fahrlässigkeit ebenso geartet sein wie die der bewußten Fahrlässigkeits- und unechten Unterlassungsdelikte. Daß das nicht richtig sein kann, ist offensichtlich. Der Unterschied zwischen der „potentiellen Tatherrschaft" bei den vorsätzlichen unechten Unterlassungsdelikten einerseits und den unbewußten Fahrlässigkeitsdelikten andererseits besteht darin, daß sich der Täter im ersten Fall seiner Pflicht und damit auch der Möglichkeit, die Pflicht erfüllen zu können, bewußt war, während er im zweiten Fall dieses Bewußtsein nicht hatte, vielmehr nur die Pflicht und damit die Möglichkeit, sie erfüllen zu können, hätte erkennen müssen[1]). Da die Kenntnis von der Möglichkeit, die Tat lenken zu können, ein Wesenselement der Tatherrschaft ist[2]), ist die potentielle Tatmacht der unbewußten Fahrlässigkeit niemals so stark, daß sie die Tatherrschaft begründen kaun.

Als Ergebnis kann festgehalten werden, daß bei den bewußten Fahrlässigkeitsdelikten die potentielle Tatherrschaft als konstitutives Element dieser Art der Deliktsbegehung zugleich die Täterschaft dann begründet, wenn der potentiellen Tatherrschaft nicht die faktische Tatherrschaft eines anderen Tatbeteiligten gegenübertritt[3])[4]). — Die potentielle

[1]) Die Pflicht, anders handeln zu müssen, wird dem Täter bei den Fahrlässigkeitsdelikten erst durch die Voraussicht des Erfolges vor die Augen geführt.

[2]) Die Tatherrschaft wird oft gerade auf Grund der größeren Kenntnis der Sachumstände einem der an der Tat Beteiligten zugesprochen. Vgl. Maurach AT § 47 III B 2d: „. . . die dem Handelnden bewußte Möglichkeit finaler tatbestandsgestaltender Steuerung".

[3]) Dieses Ergebnis deckt sich in etwa mit dem der Untersuchungen von Gallas ZStW 67, 43, nach dem sich der Begriff der Finalität auf die bewußte Fahrlässigkeit erstreckt.

[4]) An diesem Ergebnis ändert auch die neue von Schmidhäuser GA 57, 305; GA 58, 161 (178ff.) entwickelte und von Maihofer (ZStW 70, 151) gebilligte Methode, bewußte Fahrlässigkeit und bedingten Vorsatz voneinander abzugrenzen, nichts. Schmidhäuser begründet seine neue Methode auf eine Differenzierung von konkreter und abstrakter Gefahr. Da die Pflicht, den möglichen schädlichen Erfolg zu beseitigen, dem Täter bereits genügend durch die Voraussicht der abstrakten Gefahr angezeigt wird, ist die von der herrschenden Meinung unterschiedliche Bewertung der Kenntnis der konkreten Gefahr durch Schmidhäuser (statt Voraussicht Voraussehbarkeit der konkreten Gefahr) für die Kenntnis der Pflicht, anders handeln zu müssen, und der damit verbundenen Kenntnis von der Möglichkeit, anders handeln zu können (potentielle Tatherrschaft), ohne Einfluß.

Tatmacht als konstitutives Element der unbewußten Fahrlässigkeit ist keine Tatherrschaft und kann als solche die Täterschaft nicht begründen.

Mit dem so gewonnenen Resultat kann man zur ursprünglichen Problemstellung zurückkehren: Der Vordermann ist der bewußt fahrlässig handelnde Intraneus, der Hintermann der vorsätzlich handelnde Extraneus, der keine Tatherrschaft hat, weil er die täterschaftlichen Elemente des Sonderdelikts nicht erfüllt. In diesem Fall reicht die mit keiner faktischen Tatherrschaft konkurrierende potentielle Tatherrschaft des bewußt fahrlässig handelnden Intraneus aus, seine Täterschaft zu begründen. — Die fehlenden täterschaftlichen Elemente des vorsätzlich handelnden Extraneus lassen sich nicht kompensieren, denn sie sind absolute Elemente innerhalb des relativen und wertenden Begriffs der Tatherrschaft[1]).

Offen bleibt die Situation im Falle der unbewußt fahrlässigen Handlungen bei den Sonderdelikten. Hier ist — wie oben bereits festgestellt — weder der Vordermann noch der Hintermann Tatherr. Der fahrlässig handelnde Intraneus ist aber unbestritten fahrlässiger Täter, weil er den Erfolg fahrlässig verursacht hat[2]). Der vorsätzlich handelnde Extraneus kann auch dann, wenn der Intraneus keine Tatherrschaft hat, nicht Täter sein, weil ihm die täterschaftlichen Elemente fehlen. Die täterschaftlichen Elemente gewinnen in den Fällen, in denen die Täterschaft — wie hier — ohne Tatherrschaft begründet wird, selbständige Bedeutung. Da somit in dem kritischen Fall, daß weder der unbewußt fahrlässig handelnde Intraneus noch der vorsätzlich handelnde Extraneus Tatherrschaft haben, feststeht, wer Täter und wer Teilnehmer ist, wird durch die Anerkennung der Teilnahme an fahrlässiger Haupttat weder die materiell objektive Theorie umgestoßen noch eine Scheidung von Täterschaft und Teilnahme unmöglich gemacht. — Die Teilnahme an fahrlässiger Haupttat ist also entgegen der herrschenden Ansicht mit der Lehre von der Tatherrschaft vereinbar[3]).

Die Teilnahme an fahrlässiger Haupttat und die finale Handlungslehre

Durch den Systemumbau der Finalisten sind nicht nur Vorsatz und Fahrlässigkeit Tatbestands- und Unrechtselemente geworden, auch die Akzessorietätsprobleme sind durch diese Umordnung verschoben worden. Die Teilnahme an fahrlässiger Haupttat ist nach der finalen Handlungslehre kein Problem der Akzessorietät der Schuld mehr, sondern ein Problem der Akzessorietät des Tatbestandes und des Unrechts. Da bei den fahrlässigen Sonderdelikten die fahrlässige Verwirklichung dieser Tatbestände nicht nur eine mit Strafe bedrohte (tatbestandsmäßige und rechtswidrige) sondern auch eine strafbare (tatbestandsmäßige, rechtswidrige und schuldhafte) Handlung ist, wird das Problem der Teilnahme

[1]) Vgl. oben S. 36f.
[2]) Vgl. Welzel, Lehrbuch § 15 Vorbem.; Maurach AT § 47 III B 1.
[3]) Vgl. Gallas, Beiträge S. 27ff.

an fahrlässiger Haupttat von dem Problem der Limitierung der Akzessorietät und damit von dem Systemumbau durch die Finalisten nicht berührt.

Welzel lehnt jedoch die Bestrafung der Teilnahme an unvorsätzlicher und damit auch an fahrlässiger Haupttat nicht nur deswegen ab, weil sie nicht in sein System passe, sondern weil jede Teilnahme sachlogisch auf eine finale, vorsätzliche Haupttat bezogen sei[1]). Welzel entwickelt seine Lehre von den sachlogischen Strukturen, die den ganzen Rechtsstoff und besonders den Allgemeinen Teil des Strafrechts als immanente Schranken durchzögen[2]) aus der Natur der ontologischen Handlung[3]). Wer Handlungen normieren wolle, müsse die kategoriale Struktur der menschlichen Handlung voraussetzen, weder das Gesetz noch die Wissenschaft könne sie ändern. Aus dieser finalen Gesetzlichkeit ergäben sich bestimmte dogmatische Konsequenzen für die Einzelelemente der Handlung und für ihre Stellung untereinander. Stratenwerth[4]) verdeutlicht die Lehre Welzels von den sachlogischen Strukturen, indem er schreibt, daß die sachlogischen Zusammenhänge durch die Betrachtung eines bestimmten Gesichtspunktes in den Blick kämen. Der einzige Blickpunkt, nach dem sich das Strafrecht auszurichten habe, sei der Mensch als ein Wesen, das sich nach Sinn- und Zweckzusammenhängen orientiere. Nur nach dieser einen Blickrichtung könne man zum Beispiel das Wesen des finalen Handelns, des fahrlässigen Handelns, der Teilnahme, des Versuchs und der Schuld erfassen.

Es ist Stratenwerth zuzugeben, daß sich die finale Handlung und die Struktur des Versuchs sowie der Schuld sachlogisch aus dem Wesen des Menschen ableiten läßt. Bedenken ergeben sich doch bereits, wenn Stratenwerth versucht, die fahrlässige Handlung allein aus dem Wesen des Menschen abzuleiten. Die Voraussehbarkeit als Element der Fahrlässigkeit läßt sich zweifellos unter dem von Stratenwerth herausgestellten Blickpunkt erfassen, nicht jedoch das zweite Element der Fahrlässigkeit, die Pflichtwidrigkeit[5]). Die Pflichtwidrigkeit läßt sich nicht aus der Struktur des Einzelmenschen, sondern nur aus den sozialen Erfordernissen

---

[1]) Naturrecht und materiele Gerechtigkeit S. 197; Festschrift für Niedermeyer S. 292; vgl. auch Stratenwerth S. 8.

[2]) Festschrift für Niedermeyer S. 291f.

[3]) Daß Welzel die sachlogischen Strukturen für so bedeutsam hält, läßt sich aus seiner resignierten Feststellung erklären, daß alle Versuche, die bisher unternommen worden sind, überzeitliche und allgemeingültige Inhalte der Sozialethik und des Rechtsaufbaus befinden, über Allgemeinheiten und vage Begriffe nicht hinausgekommen seien (Festschrift für Niedermeyer S. 287). In der allgemein herrschenden und berechtigten Furcht vor dem Rechtspositivismus versucht Welzel, da das Naturrecht versagt, immanente Schranken zu finden, die zwar keinen Naturrechtsrang haben, jedoch überzeitlich sein sollen.

[4]) S. 13f.

[5]) Die Pflichtwidrigkeit als Element der Fahrlässigkeit: Kohlrausch-Lange § 59 Anm. IV 3; Gallas ZStW 67, 26; Welzel umschreibt die Pflicht als das im Verkehr gebotene Mindestmaß finaler Steuerung (Lehrbuch § 18; Das neue Bild § 4).

des Gemeinschaftslebens, die das Recht zu regeln hat, ableiten[1]). Bemerkenswert bei der Argumentation Stratenwerths ist, daß er das zweite Element der Fahrlässigkeit bei seiner Untersuchung nicht erwähnt.

Läßt sich die Fahrlässigkeit nur teilweise auf den von Stratenwerth herausgestellten allein für die Bildung der sachlogischen Strukturen maßgebenden Blickpunkt zurückführen, so versagt die Methode von Welzel und Stratenwerth gänzlich bei der Erklärung der Rechtfertigungsgründe, vor allem des übergesetzlichen Notstandes mit seinem Güterabwägungsprinzip. Diese rechtlichen Institutionen werden nur verständlich, wenn man in der Funktion des Rechts als Ordnerin und Reglerin des menschlichen Zusammenlebens den maßgeblichen Blickpunkt für die sachlogischen Strukturen sieht. — Das Grundsätzliche der Lehre von den sachlogischen Strukturen ist nicht falsch. Unrichtig ist nur die Auffassung, daß die sachlogischen Strukturen sämtlich auf denselben Blickpunkt ausgerichtet sein müssen[2]). Es geht nicht an, daß etwas zum Grundsatz erklärt wird, was nur auf Einzelfragen zutrifft. — Für das Strafrecht sind — soweit erkennbar — die sachlogischen Strukturen aus zwei Blickpunkten herzuleiten: aus dem Wesen des Menschen und aus der Aufgabe des Strafrechts, das gedeihliche Zusammenleben der Menschen zu schützen, oder kurz: aus dem Sozialschutz.

Es bleibt zu prüfen, ob mit der sachlogischen Struktur der Teilnahme eine Bestrafung an unvorsätzlicher bzw. fahrlässiger Haupttat vereinbar ist. Daß nur die Teilnahme an vorsätzlicher Haupttat der sachlichen Struktur der Teilnahme entspricht, hat Welzel nur behauptet[3]). Den Beweis für diese Behauptung versucht erst Stratenwerth durch logische Folgerungen zu führen[4]). Als Blickpunkt für die sachlogischen Strukturen geht er vom Menschen als einem Wesen, das sich nach Zweck- und Sinnzusammenhängen orientiert, aus. Von dieser Position gelangt er zum finalen Handlungswillen und von hier zum Vorsatz. Stratenwerth zieht dann die Verbindung vom Vorsatz zur Tatherrschaft, indem er ausführt: „Von der Frage, ob der Tatmittler vorsätzlich handelt oder nicht, hängt es ab, wer die Situation beherrscht."

Aus dem Begriff der Tatherrschaft schließt er weiter, daß dieser Begriff eine Teilnahme an unvorsätzlicher, das heißt auch an fahrlässiger Haupttat ausschließt. Die Folgerungen Stratenwerths sind nicht zwingend. Es ist nicht richtig, daß die Tatherrschaft nur von der Frage abhängt, ob der Tatmittler vorsätzlich handelt[5]). Faßt man die Tatherr-

---

[1]) Enneccerus-Nipperdey § 30 I; Maurach AT § 2 III A; Würtenberger S. 66f. — Welzel verkennt diesen Wesenszug des Strafrechts nicht, wenn er von den sozialethischen (und nicht von den individualethischen) Gesinnungswerten spricht. (Lehrbuch S. 4).

[2]) Stratenwerth S 17.

[3]) Vgl. Welzel, Naturrecht S. 197; Um die finale Handlungslehre S. 10.

[4]) S. 15.

[5]) So aber die Welzelsche Tatherrschaftsdefinition (Lehrbuch § 15 I 1): Darum ist der Tatbestandsvorsatz das generelle Moment der Tatherrschaft.

schaft als einen tatbestandsbezogenen Begriff auf[1]), dann spielen die besonderen täterschaftlichen Merkmale bei der Bestimmung der Tatherrschaft ebenfalls eine Rolle, so daß bei Sonderdelikten der vorsätzlich handelnde Hintermann keine Tatherrschaft hat, wenn er Extraneus ist[2])[3]). — Hinzu kommt, daß der Begriff der Tatherrschaft zwar aus dem Wesen der finalen Handlungslehre hervorgegangen ist, sich jedoch ohne Schwierigkeiten auch im Rahmen der kausalen Handlungslehre verwenden läßt. Bei der kausalen Handlungslehre wird die Frage nach der Tatherrschaft als Frage nach der Qualifikation des Subjekts eines Tatbestandes bei der Untersuchung des Tatbestandes lokalisiert und das Bewußtsein, das finale Steuerungsvermögen zu haben, wird als subjektives Element der Tatherrschaft zum subjektiven Tatbestandselement[4])[5]).

Ist die sachlogische Ableitung der Frage, ob die Teilnahme an fahrlässiger Haupttat möglich ist, von dem leitenden Blickpunkt des Menschen als eines Wesens, das sich nach Sinn- und Zweckzusammenhängen orientiert, nicht überzeugend dargetan, so ist nun zu untersuchen, ob die sachlogische Struktur der Teilnahme sich aus dem zweiten für die Interpretation im Strafrecht bedeutsamen Gesichtspunkt, aus dem Sozialschutz herleiten läßt. — Nach dem restriktiven Täterbegriff sind die Teilnahmestrafbestimmungen Strafausdehnungsgründe[6]). Fragt man sich, warum das Gesetz solche Strafausdehnungsgründe geschaffen hat, so kann die Antwort nur darin gefunden werden, daß die Bestrafung des Täters allein der Aufgabe des Strafrechts, das gedeihliche Zusammenleben der Menschen zu schützen, nicht genügen würde. Daraus erhellt, daß der für die sachlogische Struktur der Teilnahme maßgebende Blickpunkt der Sozialschutz ist. Unter diesem Gesichtspunkt müssen dann die Teilnahmestrafbestimmungen so ausgelegt werden, daß sie nach Möglich-

---

[1]) Daß nur diese Auffassung richtig sein kann, wurde oben S. 36f. nachgewiesen.

[2]) Vgl. oben S. 37.

[3]) Eigenartigerweise faßt Stratenwerth den Begriff der Tatherrschaft einmal als tatbestandsbezogen, ein andermal als nicht tatbestandsbezogen auf. Auf S. 15 in dem Absatz beginnend mit: „In derselben Ebene . . ." braucht er die Tatherrschaft zunächst als einen nicht tatbestandsbezogenen Begriff, ein paar Zeilen weiter bezieht er den Begriff der Tatherrschaft auf den Tatbestand des § 300. Aus dem Wesen des § 300 entscheidet er, wer die Tatherrschaft in den beiden von ihm gebildeten Fallgruppen hat.

[4]) Im Ergebnis ähnlich Nowakowski JZ 58, 547 links oben; vgl. auch Gallas, Materialien S. 132.

[5]) Wenn auch bei Lange, Moderner Täterbegriff S. 34ff., 43ff., 59ff. das Wort Tatherrschaft nicht gefallen war, so hat er bereits 1935 auf dem Boden der kausalen Handlungslehre unter Verwendung des Adäquanzgedankens dasselbe Ergebnis angestrebt, auf das die materiell-objektive Theorie heute zusteuert (vgl. Kohlrausch-Lange vor § 47 Anm. I 1). Das Wesen der Tatherrschaft beruht also historisch nicht auf dem Boden der finalen Handlungslehre.

[6]) Die Vertreter der herrschenden materiell-objektiven Teilnahmetheorie sind sämtlich Anhänger des restriktiven Täterbegriffes. Die Vertreter des extensiven Täterbegriffes fassen bei den für unsere Untersuchung bedeutsamen Fällen der eigenhändigen und Sonderdelikte die Teilnahmestrafbestimmungen ebenfalls als Strafausdehnungsgründe auf. (vgl. Mezger AT § 86 II).

keit alle strafwürdigen Fälle erfassen. Durch eine richtige Untersuchung der sachlogischen Strukturen der Teilnahme gelangt man zu dem Ergebnis, daß Lange recht hat, wenn er sagt: „Die drohende Lücke auszufüllen, dem rationalen Rechtsschutzbedürfnis Genüge zu tun, ist die Aufnahme der Teilnahmevorschriften und ist über das positive Recht hinaus Wesensmerkmal aller peripheren sekundären Erscheinungsformen des Verbrechens."[1]) Da oben nachgewiesen wurde, daß strafwürdige Fälle ungestraft bleiben, wenn man die Bestrafung der Teilnahme an fahrlässiger Haupttat ablehnt, ist nach richtiger Auffassung von der sachlogischen Struktur der Teilnahme eine Bestrafung der Teilnahme an fahrlässiger Haupttat dogmatisch nicht nur möglich sondern sogar erforderlich.

Die Einwände Bockelmanns und Tröndles gegen die Teilnahme an fahrlässiger (unvorsätzlicher) Haupttat

Der Bundesgerichtshof[2]), Bockelmann[3]) und Tröndle[4]) behaupten, die Bestrafung der Teilnahme an unvorsätzlicher und damit auch an fahrlässiger Haupttat[5]) mache eine Unterscheidung von Täterschaft und Teilnahme unmöglich. Die richtig erkannte Schwierigkeit ist jedoch nicht spezifisch für das hier zu behandelnde Problem; sie taucht auch auf, wenn der Vordermann vorsätzlich, aber mit Verbotsirrtum handelt oder unzurechnungsfähig ist. Hier entscheidet die Stärke der Tatherrschaft, ob der Vordermann oder der Hintermann Täter ist. Hat der Hintermann Tatherrschaft und handelt er ohne Verbotsirrtum, so wird seine Tatherrschaft regelmäßig stärker und damit ausschlaggebend sein als die des im Verbotsirrtum handelnden Vordermannes. Ist trotz des Verbotsirrtums wegen der besonderen personalen und sozialen Stellung des Vordermanns seine Tatherrschaft stärker als die des Hintermanns, so ist der Hintermann Teilnehmer an der Tat des Vordermanns[6]). — Der in dieser Arbeit bedeutsame Fall der Teilnahme des vorsätzlich handelnden Extraneus an der fahrlässigen Haupttat des Intraneus bereitet bei der Abgrenzung von Täterschaft und Teilnahme weniger Schwierigkeiten als die oben angeführten Fälle des vorsätzlich handelnden, aber unzurechnungsfähigen oder über das Unrecht irrenden Vordermanns. Beim fahrlässigen Sonder-

---

[1]) Lange, Notwendige Teilnahme S. 57; vgl. auch Dahm, Tätertyp S. 56 Anm. 115.

[2]) BGH 9, 370.

[3]) Täterschaft und Teilnahme S. 17.

[4]) GA 56, 142f.

[5]) Der BGH und die genannten Autoren trennen die Probleme der Teilnahme an fahrlässiger und an unvorsätzlicher Haupttat nicht.

[6]) Dieser Elastizität und Relativität des Begriffs der Tatherrschaft (vgl. oben S. 37f.) können auch Welzel und seine Anhänger nicht entgehen. Gerade weil Welzel den Begriff der Tatherrschaft mit dem Vorsatz verknüpft (vgl. oben S. 37 Anm. 4), kommt er bei den oben angeführten Fällen in Schwierigkeiten, weil er trotz der Tatherrschaft des Hintermannes die Tatherrschaft des Vordermannes anerkennen muß.

delikt kann nur der fahrlässig handelnde Vordermann die Tatherrschaft haben, weil ihm allein die täterschaftlichen Elemente zustehen. — Bockelmann[1]) meint zwar, bei den Sonderdelikten dürfe die Frage, ob jemand mittelbarer Täter oder Anstifter sei, nicht davon abhängen, ob er die besonderen täterschaftlichen Merkmale erfülle oder nicht, da die Frage, ob jemand Täter oder Teilnehmer sei, der Untersuchung der täterschaftlichen Merkmale vorgeordnet sei. Oben wurde bereits gezeigt[2]), daß die Frage der besonderen täterschaftlichen Merkmale innerhalb der Untersuchung der Tatherrschaft zu prüfen ist. — Damit ist das Argument Bockelmanns, Tröndles und des Bundesgerichtshofes widerlegt, die Teilnahme an unvorsätzlicher und damit an fahrlässiger Haupttat mache eine Scheidung von Täterschaft und Teilnahme unmöglich.

Auch eine Unterscheidung von Anstiftung und Beihilfe wird durch eine Teilnahmelehre, die eine Teilnahme an fahrlässiger Haupttat anerkennt, nicht unmöglich, wie Bockelmann dies allgemein für die Teilnahme an unvorsätzlichen Haupttaten behauptet[3]). Anstiftung bedeutet das Geneigtmachen des Täters zu einer Handlung, mit der er den schädlichen Erfolg verursacht, Beihilfe Hilfeleistung zu einer solchen Handlung. Das Geneigtmachen ist ein Einwirken auf den Willen desjenigen, der sich noch nicht zu einer solchen Handlung entschlossen hat, die Beihilfe tatsächliche Unterstützung einer solchen Handlung oder — im Falle der psychischen Beihilfe — ein Verstärken des Täterwillens eines schon zur Handlung Entschlossenen. Die differenzierenden Umschreibungen von Teilnehmerhandlungen sind also mehr als bloße Synonyma für das Wort Verursachen, wie Bockelmann meint.

Bockelmann[4]) versucht die Lehre von der Teilnahme an unvorsätzlicher Haupttat und damit gleichzeitig die an fahrlässiger Haupttat auch wegen unmöglicher Konsequenzen anzugreifen. Er meint, wenn der Hintermann zu einer Fahrlässigkeitstat anstifte, müsse er nach dem Strafrahmen des Fahrlässigkeitsdeliktes bestraft werden. Handele der Täter vorsätzlich, dann müsse der Hintermann nach dem Strafrahmen des vorsätzlichen Deliktes zu bestrafen sein. Solche Ergebnisse hält mit Recht nicht nur Bockelmann, sondern auch Tröndle[5]) und Schönke-Schröder[6]) namentlich bezüglich der Fälle, in denen sich der Hintermann über den Vorsatz des Vordermannes irrt, für unerwünscht. Die mißbilligten Konsequenzen werden aber dann vermieden, wenn der vorsätzlich handelnde Teilnehmer an fahrlässiger Haupttat nach dem Strafrahmen des Tatbestandes bestraft wird, der die vorsätzliche Begehungsweise unter Strafe stellt. Zu einem solchen Ergebnis müssen zunächst alle die gelangen, die

[1]) Täterschaft und Teilnahme S. 17.
[2]) S. 36ff.
[3]) Täterschaft und Teilnahme S. 19f.
[4]) GA 54, 193 (200).
[5]) GA 56, 144 Anm. 68.
[6]) Vor § 47 Anm. IX 3c.

die Fahrlässigkeit allein bei der Schuld lokalisieren[1]), denn gemäß § 50 I StGB ist der Anstifter nach seiner Schuld, das heißt in diesem Fall aus dem Strafrahmen des vorsätzlichen Deliktes zu bestrafen. Nach neuer, aber bereits herrschender Meinung enthält die Fahrlässigkeit nicht nur Schuldelemente, sondern auch solche der Rechtswidrigkeit[2]). Zu prüfen ist, ob durch diese Lehre von der Fahrlässigkeit das oben gefundene Ergebnis geändert wird. Die Unrechtsmomente der Fahrlässigkeit können nicht als strafmildernde Verhältnisse im Sinne des § 50 II StGB angesehen werden. Abgesehen davon, daß Lange[3]), von Weber[4]) und Sauer[5]) für § 50 II StGB nur solche Verhältnisse wirksam werden lassen, die die Schuld betreffen[6]), können die Unrechtselemente der Fahrlässigkeit nicht unter die strafmildernden Verhältnisse des § 50 II StGB subsumiert werden, weil diese Unrechtselemente nicht auf den Täter, sondern auf die Tat bezogen sind. Die Pflichterfüllung, die von jedem Menschen im Gemeinschaftsleben erwartet wird, kann kein personales Element sein.

Der Fahrlässigkeitsbegriff enthält Schuldelemente, die von der Limitierung der Akzessorietät erfaßt werden und Unrechtselemente, für die regelmäßig der Grundsatz der Akzessorietät gilt. Enthält ein Begriff sowohl Elemente, die durch die Limitierung der Akzessorietät erfaßt werden, wie solche, die akzessorisch sind, und soll festgestellt werden, ob der Begriff als ganzer akzessorisch ist, so kann die Lösung nur darin gefunden werden, daß man das wichtigste und bedeutsamste Element dieses Begriffes heraussucht und den ganzen Begriff bezüglich des Akzessorietätsproblems so behandelt, wie es dem Charakter des Schwerpunktelementes entspricht. Bei der Fahrlässigkeit ist die Prüfung der Verletzung der objektiven Sorgfaltspflicht die Voraussetzung der Prüfung der subjektiven Pflichtverletzung. Wer subjektiv pflichtwidrig handelt, handelt auch zugleich objektiv pflichtwidrig. Die subjektive Pflichtwidrigkeit indiziert die objektive Pflichtwidrigkeit). Hieraus ergibt sich, daß das Wesentliche des strafrechtlichen Fahrlässigkeitsvorwurfes die individuelle Pflichtverletzung ist, die auch nach der neueren Lehre Schuldelement ist. Demnach ist die Fahrlässigkeit auch nach moderner Auffassung in Akzessorietätsfragen so zu behandeln, als wäre sie ein reiner Schuldbegriff. — Der zur Fahrlässigkeitstat vorsätzlich anstiftende Hintermann ist also gemäß § 50 I StGB nach dem Strafrahmen der vorsätzlichen Begehungsweise des Delikts zu bestrafen, das der Vordermann fahrlässig begangen

[1]) Frank, Vorbem. zum 4. Abschnitt Anm. II 3; Liszt-Schmidt S. 256f.; RG 57, 173.

[2]) Kohlrausch-Lange § 59 Anm. IV 4; Welzel, Lehrbuch § 18 II; Gallas ZStW 67, 26; H. Mayer, Lehrbuch S. 140; Mezger LK § 59 Anm. 24; vgl. auch BGHZ (GS) 24, 21.

[3]) Kohlrausch-Lange § 50 Anm. I.

[4]) MDR 52, 265.

[5]) Allgemeine Strafrechtslehre S. 225.

[6]) Die genannten Autoren begründen ihre Ansicht, indem sie lehren, Abs. 1 des § 50 StGB sei dem Abs. 2 des § 50 StGB vorgeordnet; a. A. Welzel, Lehrbuch § 16 V 4; Maurach AT § 53 III B 2a; vermittelnd Schönke-Schröder § 50 Anm. I.

hat. Die unerfreulichen Konsequenzen, die Bockelmann und Tröndle bei der Bestrafung der Teilnahme an unvorsätzlicher, das heißt auch an fahrlässiger Haupttat befürchten, treten also nicht auf.

In der bisherigen Untersuchung konnte nachgewiesen werden, daß eine Bestrafung der Teilnahme an unvorsätzlicher Haupttat nicht nur erforderlich ist, Strafbarkeitslücken zu vermeiden, sondern auch dogmatisch möglich und erforderlich[1]) ist[2]). Manche der hier behandelten dogmatischen Probleme gelten auch für den zweiten Hauptteil dieser Arbeit, der sich mit dem Problem der Teilnahme an unvorsätzlicher Haupttat befaßt, das heißt einer Haupttat, bei der der Täter weder vorsätzlich noch fahrlässig handelt, oder bei der der Täter zwar fahrlässig handelt, die fahrlässige Begehungsweise der Haupttat aber nicht strafbar ist.

---

[1]) Vgl. oben S. 44.

[2]) Zu dem gleichen Ergebnis sind gekommen: Sauer, Allgemeine Strafrechtslehre S. 219; Gallas, Beiträge S. 29 bezüglich der Beihilfe zur fahrlässigen Haupttat. Die älteren Autoren, die die Frage der Teilnahme an fahrlässiger Haupttat bejahen, sind oben auf S. 33 aufgeführt.

Zweiter Hauptteil

Die Teilnahme an unvorsätzlicher Haupttat

Die Untersuchung, ob die Teilnahme an unvorsätzlicher Haupttat strafwürdig ist

Wie bei der Untersuchung im ersten Hauptteil ist zunächst auch im zweiten Hauptteil von möglichen Strafbarkeitslücken auszugehen. Ist, wie oben[1]) bewiesen wurde, bei den militärischen Sonderdelikten und den eigentlichen Amtsdelikten des Strafgesetzbuches nicht die Pflichtverletzung, sondern der Rechtsgüterschutz der Grund für die Bestrafung der Teilnahme des Extraneus und darf es vom Gesichtspunkt des Rechtsgüterschutzes aus gesehen nicht darauf ankommen, ob der Intraneus als Vordermann vorsätzlich oder fahrlässig handelt, so erscheint der Extraneus als Teilnehmer auch dann strafwürdig, wenn der Vordermann in den im ersten Hauptteil angeführten Beispielen nicht einmal fahrlässig handelt. Wenn der Intraneus nicht bestraft werden kann, erscheint das Bedürfnis, den Extraneus zu bestrafen, sogar noch größer, als wenn der Intraneus wegen Fahrlässigkeit bestraft werden kann. — Das gleiche gilt auch für das Steuerstrafrecht. Faßt man die §§ 396, 402 RAO als Sonderdelikte auf und lehnt man die Teilnahme an unvorsätzlicher Haupttat ab, dann kann man den vorsätzlich an einer Steuerhinterziehung beteiligten Angestellten nicht mehr bestrafen, wenn man dem Steuerpflichtigen weder Vorsatz noch Fahrlässigkeit nachweisen kann. Man gelangt zu dem merkwürdigen Zustand, daß der an der Steuerstraftat beteiligte Angestellte dann nicht bestraft werden kann, wenn er die ganze Schuld der Steuerhinterziehung auf sich nimmt.

Zu den angeführten fahrlässigen Sonderdelikten treten im zweiten Hauptteil als Materie von Strafbarkeitslücken die Sonderdelikte hinzu, bei denen nur die vorsätzliche Begehungsweise pönalisiert wird. Das sind die militärischen Sonderdelikte und die Sonderdelikte des Nebenstrafrechts, die im ersten Hauptteil noch nicht untersucht worden sind, sowie die eigentlichen Amtsdelikte.

Bei den Sonderdelikten sind solche Tatbestände ungeeignet, bei denen der am unvorsätzlichen Sonderdelikt teilnehmende Extraneus nach einem delictum sui generis bestraft werden kann. Als Beispiel ist hier § 271 StGB anzuführen, nach dem die Anstiftung zur vorsätzlichen Falschbeurkundung bestraft wird[2]).

[1]) Vgl. oben S. 24.

[2]) Aus der Begrenzung des Strafrahmens durch § 271 StGB für den Anstiftungstatbestand (§ 348 I StGB: Gefängnis nicht unter einem Monat; § 271 StGB: Gefängnis bis zu sechs Monaten oder Geldstrafe) darf man nicht den Schluß ziehen,

Bei anderen Sonderdelikten entstehen auch bei Ablehnung der Teilnahme an unvorsätzlicher Haupttat keine Strafbarkeitslücken, weil diese Tatbestände ein besonderes finales Element enthalten und das Unrecht dieser Tatbestände daher nur durch vorsätzliches Handeln verwirklicht werden kann. Solche finalen Sonderdelikte sind die §§ 336, 353 a StGB und § 31 WStG. Besser scheint es, diese besonderen finalen Elemente mit Mezger als subjektive Tatbestandselemente zu bezeichnen, um Mißverständnisse zu vermeiden.

Wenn Mezger[1]) den Tatbestand des § 336 StGB als final bezeichnet, dann meint er nicht die Finalität, die jedem Tatbestand eigen ist, sondern einen engeren Finalitätsbegriff, der mit dem Wort „absichtlich" umschrieben werden könnte. Lange[2]) hat das Wort final bei Mezger nicht in diesem engeren Sinne, sondern im Sinne der allgemeinen Finalität verstanden. Obwohl Lange eine Anstiftung zur unvorsätzlichen Rechtsbeugung anerkennt[2]), zeigt sich an einer anderen Stelle seines Kommentars[3]), daß auch er ein subjektives Tatbestandsmerkmal im § 336 StGB herausfühlt, wenn er den Begriff „Beugung des Rechts" als bewußte Verletzung des Rechts definiert. — Verfolgt man die von Sieverts[4]) angegebene Methode zur Auffindung von subjektiven Unrechts- oder Tatbestandsmerkmalen und geht auf das geschützte Rechtsgut oder das Interesse des § 336 StGB zurück, so findet man, daß dieser Tatbestand nicht verhüten will, daß objektiv falsche Urteile gefällt werden, sondern daß Richter gegen ihre innere Rechtsüberzeugung aus sachfremden Motiven entscheiden[5]). Es verstößt nicht nur gegen das Sprach-, sondern auch gegen das Rechtsgefühl, wenn man sagen würde, ein Richter habe das Recht gebeugt, nur weil seine Entscheidung als falsch von einem Gericht höherer Instanz aufgehoben worden ist[6]).

Bezüglich § 353 a StGB ist zu sagen, daß zumindest die zweite Alternative des Tatbestandes ein subjektives Unrechtselement enthält: nur

---

das Gesetz halte die Teilnahme an unvorsätzlicher Haupttat grundsätzlich für straflos und wolle sie nur in den vom Gesetz bestimmten Ausnahmefällen bestrafen (so BGH 9, 370 (378); Gallas, Beiträge S. 23f.; Bockelmann, Täterschaft und Teilnahme S. 16). Gegen eine solche Beweisführung spricht, daß § 348 StGB so abgefaßt ist, daß er nur finales oder vorsätzliches Handeln des Beamten erfaßt, so daß derjenige, der einen Beamten zur fahrlässigen Falschbeurkundung verleitet, auch dann nicht wegen Anstiftung zur fahrlässigen Falschbeurkundung bestraft werden kann, wenn man die Teilnahme an unvorsätzlicher Haupttat anerkennt (so H. Mayer, Rittlerfestschrift S. 271). — Aber auch wenn man § 348 StGB nicht als finalen Tatbestand auffassen will, ist der Argumentation von BGH 9, 370 nicht zu folgen, denn der Gesetzgeber konnte nicht damit rechnen, daß die Teilnahme an unvorsätzlicher Haupttat unbestritten vertreten wurde, nachdem er die Limitierung der Akzessorietät bestimmt hatte. Es wäre somit ein Risiko für den Gesetzgeber gewesen, § 271 StGB zu streichen.

[1]) LK § 50 Anm. 5e; Moderne Wege S. 31.

[2]) Kohlrausch-Lange vor § 47 Anm. II 2.

[3]) Kohlrausch-Lange § 336 Anm. III.

[4]) S. 115ff.

[5]) Kohlrausch-Lange § 336 Anm. III 2.

[6]) Sax MDR 54, 68 Anm. 16 zweifelt, ob § 336 StGB ein finaler Tatbestand sei.

der Diplomat, der in der Absicht handelt, die Bundesrepublik irrezuleiten, wird bestraft.

Die entwürdigende Behandlung nach § 31 WStG ergibt sich nicht aus der Härte der Behandlung, sondern wird durch den vom Vorgesetzten mit der Handlung beabsichtigten Zweck indiziert. Entscheidend ist die Gesinnung, die hinter der Behandlung der Untergebenen steht.

Ob der Tatbestand des § 300 StGB ein subjektives Tatbestandselement beinhaltet, so daß eine Bestrafung der Teilnahme an der unvorsätzlichen Begehungsweise dieses Tatbestandes aus diesem Grunde ausgeschlossen ist[1]), erscheint zweifelhaft. § 300 StGB will den Geheimnisverrat nicht deshalb bestrafen, weil der Arzt oder Anwalt sich vorsätzlich über seine Rechtspflicht hinwegsetzt, sondern weil diese Bestimmung den Erfolg verhindern will, daß das schützenswerte Geheimnis an die Öffentlichkeit gelangt. Die Absicht des Gesetzes, nicht nur die Pflichtwidrigkeit, die falsch geleitete Finalität des Arztes oder des Rechtsanwaltes mit seiner Strafbestimmung zu treffen, zeigt sich daran, daß auch der „Erbe" des Geheimnisses, der die besondere Standespflicht der durch § 300 StGB angesprochenen Personenkreise nicht hat, nach § 300 II StGB ebenso wie der Arzt usw. bestraft werden kann. Die Behauptung Bindokats[2]), § 300 StGB sei ein eigenhändiges Delikt, läßt sich mit der Erwägung entkräften, der Gesetzgeber habe bei der Redaktion des § 300 StGB nur an den typischen Fall gedacht, daß der Geheimnisträger selbst das Geheimnis verletzen und offenbaren kann. Die Fälle, in denen Außenseiter das Rechtsgut des Geheimnisschutzes angreifen, sind in der Tat sehr selten. Wegen dieser Seltenheit hat eine Unterkommission der Großen Strafrechtskommission einen Antrag des Ministerialdirigenten Dr. Rösch abgelehnt, nach dem für die strafwürdigen Fälle, daß ein Nicht-Geheimnisträger das Rechtsgut des Geheimnisschutzes angreife, in das neu zu schaffende Strafgesetzbuch ein Sondertatbestand aufgenommen werden sollte[3]). Der Vorschlag zeigt, daß im Fall BGH 4, 355 ein Strafbedürfnis vorhanden gewesen ist[4]), der Fall aber so selten ist, daß es unzweckmäßig

---

[1]) So Bindokat NJW 54, 865.

[2]) NJW 54, 865.

[3]) Der Vorschlag wurde mit 10 gegen 5 Stimmen bei 4 Enthaltungen abgelehnt, der vorgeschlagene Tatbestand hatte folgenden Wortlaut:

(1) Wer bewirkt, daß eine der in § 405 Abs. 1 genannten Personen ein fremdes Geheimnis, das ihnen in ihrer beruflichen Eigenschaft anvertraut oder zugänglich geworden ist, ohne Einwilligung des Verfügungsberechtigten gutgläubig offenbart, wird mit Gefängnis oder Geldstrafe bestraft.

(2) § 405 Abs. 2 und Abs. 5 gilt entsprechend.

[4]) H. Mayer, Rittlerfestschrift hält den Fall, den BGH 4, 355 zu entscheiden hatte, nicht für strafwürdig. Seine Argumentation, daß unerlaubte Lügen der Ehefrau keinen Rechtsschutz verdienen würden, trifft keineswegs den Kern der Sache und ist nicht überzeugend. Welzel JZ 53, 763; Maurach AT (1. Aufl) § 48 II A 2; Heinitz, Festschrift d. jur. Fakultät der FU Berlin S. 104f.; Bockelmann GA 54, 209 billigen die Entscheidung BGH 4, 355 im Ergebnis. Welzel, Maurach und Heinitz nehmen aber an, daß der gutgläubige Arzt in diesem Fall nicht fahrlässig, sondern im entschuldbaren Verbotsirrtum gehandelt habe. Das ist richtig;

erscheint, die Bestrafung durch einen Sondertatbestand zu regeln. Eine Ermöglichung der Bestrafung dieses Falles durch Anerkennung der Teilnahme an unvorsätzlicher Haupttat ist daher angebracht.

Strafbarkeitslücken können sich auch bei der Nichtbestrafung der Teilnahme an unvorsätzlicher Haupttat im Fall des § 142 StGB ergeben. Täter kann hier nur sein, wer am Unfall ursächlich beteiligt ist[1]); § 142 StGB ist somit ein Sonderdelikt[2]). Die Lücken, die bei der Nichtbestrafung der Teilnahme an unvorsätzlicher Haupttat hier entstehen können, werden durch einen Fall aufgezeigt, den das OLG Stuttgart[3]) kürzlich zu entscheiden hatte: Der Angeklagte fuhr als Beifahrer in einem Personenkraftwagen, den seine Schwester führte. Die Schwester streifte beim Überholen einen Schweizer Personenkraftwagen; an beiden am Unfall beteiligten Fahrzeugen entstand Sachschaden. Die Schwester des Angeklagten hielt sofort an. Der Angeklagte ging zu dem Fahrer des Schweizer Wagens, um über die Unfallursachen zu verhandeln. Die Schwester des Angeklagten blieb bei ihrem Fahrzeug stehen. Der Angeklagte kehrte nach kurzer Zeit zurück, setzte sich, nachdem seine Schwester auf dem Beifahrersitz Platz genommen hatte, selbst ans Steuer und fuhr davon, obwohl er sich mit dem Schweizer Fahrer nicht geeinigt hatte. Die Schwester des Angeklagten nahm an, daß durch die Verhandlung ihres Bruders mit dem Schweizer Fahrer alles erledigt sei. Auf Befragen seiner Schwester bestätigte der Angeklagte ihr dies im Wagen auch ausdrücklich.

Nach der Entscheidung des OLG Stuttgart ergibt sich hier keine Strafbarkeitslücke, denn das OLG Stuttgart meint, die Schwester des Angeklagten habe vorsätzlich gehandelt, sie habe sich lediglich im Verbotsirrtum über die Tragweite der Bestimmung des § 142 StGB befunden, weil sie irrtümlicherweise nicht wußte, daß sie — entsprechend ihrer höchstpersönlichen Wartepflicht — nach eigener gewissenhafter Prüfung zu entscheiden habe, ob die Wegfahrt vom Unfallort durch einen Beauftragten nicht ausreiche. Der Sachverhaltsirrtum, der bei der Schwester des Angeklagten durch seine Täuschung hervorgerufen worden war, hält das OLG Stuttgart für unbeachtlich, da der Sachverhaltsirrtum auf dem Verbotsirrtum beruhe.

Die letzte Aussage des OLG Stuttgart stimmt bereits den Leser der Entscheidung kritisch, denn im allgemeinen ist der Tatbestandsirrtum dem Verbotsirrtum vorgeordnet[4]). — Das OLG Stuttgart ist bei der Prüfung der Frage, ob die Schwester des Angeklagten über einen Tatum-

---

es lassen sich aber auch Fälle denken, wo der gutgläubige Arzt fahrlässig gehandelt hat. Der Kollege täuscht dem geheimnistragenden Arzt die Einwilligung der Patientin vor (Tatbestandsirrtum nach der eingeschränkten Schuldtheorie, BGH 2, 193). — Bockelmann sieht in dem Ehemann einen Geheimnisträger und bestraft ihn als Täter nach § 300 StGB (GA 54, 209).

[1]) Kohlrausch-Lange § 142 Anm. III, Welzel Lehrbuch § 66 V 2d.

[2]) Dahm MDR 59, 509 (2).

[3]) MDR 59, 508.

[4]) Engisch ZStW 70, 566 (575f. u. 582); Welzel Lehrbuch § 22 II 3; BGH 2, 194 (197).

stand oder über die Rechtswidrigkeit der Tat im allgemeinen irrte, davon ausgegangen, daß die Schwester des Angeklagten über den Umfang der Wartepflicht geirrt habe. Ob das OLG Stuttgart der Wartepflicht beim Tatbestand des § 142 StGB dieselbe Funktion zumißt, die die Rechtspflicht bei den unechten Unterlassungsdelikten hat, ist aus der Entscheidung nicht ersichtlich. Das OLG Stuttgart behandelt den Irrtum über die Wartepflicht jedoch im Ergebnis ebenso wie die herrschende Lehre den Irrtum über die Rechtspflicht bei den unechten Unterlassungsdelikten, nämlich als Verbotsirrtum[1]). Der Begriff der Wartepflicht ist kein allgemeines Verbrechensmerkmal, sondern dient nur dazu, das Tatbestandsmerkmal des § 142 StGB „Flucht" auszufüllen. Das Tatbestandsmerkmal „Flucht" ist ein wertausfüllungsbedürftiges, normatives Tatbestandsmerkmal[2]). Der Irrtum über ein solches Tatbestandsmerkmal beziehungsweise über einen Umstand, der bei der Wertung dieses Tatbestandsmerkmal zur Hilfe herangezogen wird, (hier die Wartepflicht), ist Tatbestandsirrtum[3]). Die Schwester des Angeklagten hat demnach, da sie über das Tatbestandsmerkmal „Flucht" geirrt hat, nicht vorsätzlich gehandelt.

Das Verhalten des Angeklagten ist, wie die Entscheidung des OLG Stuttgart zeigt, strafwürdig. Der Angeklagte hätte wegen Beihilfe zur unvorsätzlichen Fahrerflucht bestraft werden müssen[4]).

Strafbarkeitslücken können sich auch bei Nichtbestrafung der Teilnahme an unvorsätzlicher Haupttat im Fall der Tatbestände der §§ 354, 355 StGB ergeben. Die Tatbestände der §§ 354, 355 StGB, die teilweise Sonderdelikte für Postbeamte sind[5]), schützen das Vertrauen in den Geheimnisschutz des postalischen Brief-, Telegramm- und Fernsprechverkehrs. Das Interesse der Postbeamten an dem Inhalt der Briefe, Telegramme und Ferngespräche ist weniger groß als das der Ermittlungsbeamten von Kriminalpolizei und Verfassungsschutz, die oft an dem Briefinhalt der von ihnen überwachten Personen interessiert sind. Für die Ermittlungsarbeit dieser Beamten ist es häufig wichtig, den Inhalt der Briefe zu erfahren, ohne daß der Empfänger die Überwachung bemerken kann. Eine Beschlagnahme der Briefe nach § 99 StPO hilft dem Ermittlungsbeamten wenig, da nach diesem Verfahren die Briefe zu den Akten genommen werden müssen, und somit der Empfänger an der Nichtzustellung des Briefes merken kann, daß der Absender überwacht wird. Es besteht die Gefahr, daß ein Ermittlungsbeamter einen Postbeamten veranlaßt, für ihn einen Brief zu unterdrücken oder ihm den Brief eine Weile zu

---

[1]) Der Irrtum über die Rechtspflicht bei den unechten Unterlassungsdelikten ist Verbotsirrtum: Kohlrausch-Lange § 59 Anm. III 2 aE u. IV; Welzel Lehrbuch § 27 III 1; Maurach AT § 46 III F 2; für die gegenteilige Ansicht siehe Schönke-Schröder § 59 Anm. III 8 b.

[2]) Zu diesem Begriff vgl. Mezger AT § 35 II b.

[3]) Vgl. Dahm MDR 59, 508.

[4]) So hatte das LG Rottweil vorinstanzlich entschieden (Az Ns 239/58).

[5]) Vgl. Maurach BT § 82 V C 1 a.

überlassen, damit er ihn durchleuchten oder öffnen kann. In diesem Fall kann der Postbeamte, wenn er vorsätzlich handelt, gemäß § 354 StGB bestraft werden und der Ermittlungsbeamte als Extraneus wegen Anstiftung zu diesem Delikt. Hat sich der Ermittlungsbeamte dem Postboten gegenüber als Hausbewohner ausgegeben und dem alten, etwas behinderten Postboten angeboten, er werde die Briefe dem Adressaten auf den vierten Stock bringen, dann handelt der Postbote allenfalls fahrlässig; der Ermittlungsbeamte kann nach der herrschenden Meinung nicht als Anstifter zu einer unvorsätzlichen Tat des § 354 StGB bestraft werden. Da in dem geschilderten Fall mangels Gewahrsamsbruchs auch die Tatbestände der §§ 133, 242 StGB und, wenn der Ermittlungsbeamte den Brief nur durchleuchtet hat, der Tatbestand des § 299 StGB nicht eingreifen, kann das strafwürdige Verhalten des Ermittlungsbeamten nicht erfaßt werden. Genauso wenig wie im Teefall[1]) es auf die Intelligenz des Vordermannes ankommen darf, ob die Rechtsgutsverletzung des Extraneus als Teilnahme bestraft wird, so darf es hier bezüglich der Bestrafung des Ermittlungsbeamten darauf ankommen, ob der Postbeamte mit der Durchleuchtung der Briefe durch den „hilfreichen Hausbewohner" rechnete.

Auch die Teilnahme an unvorsätzlich begangenen eigenhändigen Delikten kann strafwürdig sein. Zwar treten bei den Eidesdelikten keine Strafbarkeitslücken auf, da der Tatbestand des § 160 StGB solche Lücken schließt[2]). Ein strafwürdiger Fall der Anstiftung zur unvorsätzlichen Begehung eines eigenhändigen Deliktes ist der bekannte Schulfall der Hamburger Bordellwirtin, die zwei Geschwister, die sich nicht mehr kennen, zum Geschlechtsverkehr veranlaßt. Mit Recht hält Lange[3]) das Verhalten der Bordellwirtin für strafwürdig, denn das durch § 173 StGB geschützte Rechtsgut, die Freihaltung der Familie von sexuellen Beziehungen, wird nicht nur verletzt, wenn die Geschwister miteinander verkehren im Bewußtsein, daß sie miteinander verwandt sind, sondern auch, wenn sie ohne dieses Bewußtsein miteinander verkehren, später aber erfahren, daß sie Geschwister sind. Die seelischen Nachwirkungen eines anomalen Verhaltens sind für den gefühlsmäßigen Zusammenhalt einer Familie schädlicher als die Tat selbst. Ist im Fall der Hamburger Bordellwirtin der Familienzusammenhalt der beiden Geschwister bereits zerstört,

---

[1]) Vgl. oben S. 25f.

[2]) Ebenso wie es nicht richtig ist, aus § 271 StGB den Schluß zu ziehen, daß das Gesetz eine Teilnahme an unvorsätzlicher Haupttat nicht gewollt habe (vgl. oben S. 48 Anm. 2), so darf dies auch nicht bei § 160 StGB geschehen. Diesen Schluß ziehen aber BGH 9, 370 (378) und Gallas, Beiträge S. 23f. Daß der Gesetzgeber die Fälle, die unter § 160 StGB fallen, privilegieren wollte (Mezger BT § 77 VIII 2; OLG Köln NJW 57, 553), zeigt sich daran, daß § 160 nicht nur die Fälle erfaßt, die wegen der bei § 154 StGB nicht möglichen mittelbaren Täterschaft nicht bestraft werden können, sondern auch die Fälle des § 153 StGB, die in mittelbarer Täterschaft begangen werden können.

[3]) Kohlrausch-Lange vor § 47 Anm. II 2.

so wird durch den Geschlechtsverkehr eine Wiederherstellung der familiären Beziehungen zwischen Bruder und Schwester für immer erschwert[1]).

Im Fall, der im Urteil BGH 5, 47 zu entscheiden war, entstehen keine Strafbarkeitslücken, wenn man das Tatbestandsmerkmal „seines Vorteils wegen" so auslegt, wie es das KG[2]) und der BGH[3]) in anderen Urteilen getan haben[4]).

Die dogmatische Untersuchung der Teilnahme an unvorsätzlicher Haupttat

Das Wesen der Teilnahme

Hat sich in den bisherigen Ausführungen des zweiten Hauptteils gezeigt, daß bei Nichtbestrafung der Teilnahme an unvorsätzlicher Haupttat strafwürdige Fälle nicht bestraft werden können, so ist nun zu prüfen, ob eine Teilnahme an unvorsätzlicher Haupttat dogmatisch möglich ist. Zunächst ist zu untersuchen, ob sich eine Bestrafung der Teilnahme an unvorsätzlicher Haupttat mit dem Wesen der Teilnahme vereinbaren läßt. Daß eine Teilnahme an fahrlässiger Haupttat mit dem Wortsinn der §§ 48, 49 StGB nicht unverträglich ist, wurde bereits oben[5]) gezeigt. Was dort für die fahrlässige Haupttat gesagt wurde, gilt auch für die unvorsätzliche. — Es bleibt zu untersuchen, wie die Teilnahme an unvorsätzlicher Haupttat mit den Teilnahmetheorien vereinbar ist. Daß die Verursachungstheorie mit der Bestrafung der Teilnahme an unvorsätzlicher Haupttat harmoniert, bedarf keines Beweises[6]). — Es gibt zwei Schuldteilnahmetheorien: die Korruptionstheorie und die Willenseinigungstheorie. Daß aus der Willenseinigungstheorie keine Argumente gegen eine Teilnahme an unvorsätzlicher Haupttat hergeleitet werden können, wurde bereits oben[7]) herausgearbeitet.

Im Gegensatz zur Teilnahme an fahrlässiger Haupttat ist die Teilnahme an unvorsätzlicher Haupttat nicht mit der Korruptionstheorie vereinbar. Da bei den unvorsätzlichen Taten im engeren Sinne der Haupttäter nicht schuldig ist, ist durch den Teilnehmer niemand in die Schuld

[1]) Noll S. 34 hält die Blutschande für rechtswidrig, wenn der Täter unvorsätzlich handelt. Die vorgenommene Beischlafhandlung gelte dann als Erfolg. — Kantorowicz S. 117 bringt einen ähnlichen Fall wie den der Hamburger Bordellwirtin, um die Strafwürdigkeit der Anstiftung zur unvorsätzlichen Blutschande darzutun. — Roeder ZStW 69, 248 hält den Fall der Hamburger Bordellwirtin für strafwürdig. Nach ihm ist § 173 StGB kein eigenhändiges Delikt. Zu unrecht: Beischlafen kann man nicht durch einen Tatmittler, will man nicht zu lebensfremden Ergebnissen kommen. Das bedeutet jedoch nicht, daß das Rechtsgut nur gegen die Verletzung durch die eigenhändigen Täter geschützt werden soll. Die Verletzung des Rechtsgutes des § 173 StGB durch Teilnahme an vorsätzlicher Haupttat will auch die herrschende Meinung bestrafen.

[2]) NJW 53, 558.

[3]) Vgl. die bei Tröndle GA 56, 152 Anm. 4 u. 5 zitierten Entscheidungen.

[4]) Vgl. auch Welzel JZ 54, 130; Bockelmann GA 54, 209; Tröndle GA 56, 152.

[5]) Vgl. oben S. 33.

[6]) Vgl. oben S. 34; Kohlrausch-Lange vor § 47 Anm. II 2.

[7]) Vgl. oben S. 34f. — Was dort bezüglich der Teilnahme an fahrlässiger Haupttat gesagt wurde, gilt auch für die Teilnahme an unvorsätzlicher Haupttat.

geführt oder darin bestärkt worden. Der Korruptionstheorie ist zunächst entgegenzuhalten, daß sie nicht mit § 50 I StGB zu vereinbaren ist[1][2]). Die Argumente, die Lange in seiner „Notwendigen Teilnahme" gegen die Korruptionstheorie zusammengestellt hat[3]), gelten auch heute noch. Auf eine Wiedergabe dieser Argumente kann verzichtet werden.

Neuerdings hat Less[4]) versucht, dem Korruptionsgedanken dadurch neuen Auftrieb zu geben, daß er eine Lehre vom doppelten Unrechtsgehalt der Anstiftung entwickelt hat. Anstiftung ist nach ihm nicht nur eine Beteiligungsform, sondern ein Sonderunrecht. Die Anstiftung stelle eine eigene Rechtsgutsverletzung dar[5]), weil durch die Anstiftung eine den Rechtsgenossen besonders auferlegte Pflicht, die fremde Persönlichkeit zu achten, verletzt werde[6]). Der doppelte Unrechtsgehalt der Anstiftung widerspreche unserem Rechtssystem nicht; auch das Gesetz kenne solche Mischbildungen: §§ 257, 259 StGB[7]). — Less vergleicht das von ihm entdeckte Rechtsgut: die Achtung der Persönlichkeit, mit den Regeln der katholischen Moraltheologie, die eine Sünde gegen die Nächstenliebe kennt[8]). Da aber die Bestimmungen der Moraltheologie keinen Einfluß auf das Strafrecht haben[9]), versucht Less, das vom Anstifter verletzte strafrechtliche Rechtsgut der Achtung der Persönlichkeit mit folgenden Erwägungen zu konstruieren: Der Anstifter verstricke den Täter in einen Zwiespalt mit der Rechtsgemeinschaft. Diese Störung des sozialen Friedens müsse gerade dann, wenn man wie Welzel dem Strafrecht die Aufgabe zuschreibe, die Beobachtung der sozialethischen Pflichten zu sichern, als besonderer Strafgrund der Anstiftung angesehen werden. Less mag recht haben, wenn er in der Verstrickung eines anderen eine Verletzung einer sozial-ethischen Pflicht sieht. Die Verletzung solcher Pflichten ist aber strafrechtlich nur relevant, wenn sie auf Verletzung eines Rechtsgutes gerichtet ist[10]). Der reine, nicht auf eine Rechtsgutsverletzung bezogene Handlungsunwert kann eine Handlung als besonders verwerflich charakterisieren und daher für die Höhe der Strafe bedeutsam sein, ein solch reiner Handlungsunwert kann jedoch die Strafbarkeit einer Handlung nicht begründen. — Hinzu kommt, daß die Rechtsgüter nur durch die Tatbestände des Besonderen Teils des Strafrechts, durch die Regeln des Allgemeinen Teils aber nur insoweit geschützt werden, als sie die Tatbestände des Besonderen Teils modifizieren.

---

[1]) Vgl. oben S. 23.
[2]) Eigenartigerweise prüft H. Mayer nur, ob die Schuldteilnahmetheorie gegen Abs. 2, nicht aber auch, ob sie gegen Abs. 1 des § 50 StGB verstößt.
[3]) S. 41 59.
[4]) ZStW 69, 43ff.
[5]) ZStW 69, 54f.
[6]) ZStW 69, 52.
[7]) ZStW 69, 55.
[8]) Vgl. Less S. 53; Häring S. 897f.
[9]) So Welzel ZStW 61, 210.
[10]) Vgl. Welzel, Lehrbuch S. 2; Maurach AT § 19 A 1; auch Kohlrausch-Lange S. 11 unten.

Aus dem Wesen des Allgemeinen Teils als Zusammenfassung aller Regeln, die für alle Tatbestände des Besonderen Teils gelten[1]), ergibt sich, daß die Bestimmungen des Allgemeinen Teils sich auf kein Rechtsgut beziehen können, das nicht durch einen Tatbestand des Besonderen Teils geschützt wird. Gerade die von Less erwähnten Tatbestände der §§ 257, 259 StGB zeigen, daß Beteiligungsformen, die ein besonderes Rechtsgut schützen sollen, in den Besonderen Teil als selbständige Tatbestände aufgenommen werden müssen. Da § 48 StGB kein Rechtsgut „Achtung vor fremder Persönlichkeit" schützt[2]), ist der Lehre von Less über den doppelten Unrechtsgehalt der Anstiftung nicht zu folgen.

H. Mayer[3]), Wegner[4]) sowie Less[5]) behaupten, nur mit Hilfe der Schuldteilnahmetheorie könne erklärt werden, daß der Anstifter mit der gleichen Strafe bedroht werde wie der Täter, obwohl er das durch den Tatbestand des Besonderen Teils geschützte Rechtsgut nicht so intensiv angegriffen habe wie der Täter. Dieses Argument ist zwar auf den ersten Blick überzeugend; die von den Vertretern der Schuldteilnahmetheorie angegebene Begründung für die Höhe der Anstifterstrafe ist jedoch nicht die einzig mögliche Begründung. — Lange hat unseres Wissens zum ersten Male darauf hingewiesen, daß der Schuldbegriff nicht von der Gefährlichkeit zu lösen ist[6]). Was aber für die Schuld gilt, muß erst recht für das Unrecht gelten[7]). Der Gedanke der Gefährlichkeit hat für die Strafbemessung durch den Gesetzgeber eine größere Bedeutung als für die richterliche Strafzumessung[8]). Das zeigt sich an dem Strafrahmen einzelner Delikte: Obwohl der Dieb der Verletzung des Eigentums näher steht als der Hehler, ist der Strafrahmen beider Delikte gleich. Diese Erscheinung ist nicht darauf zurückzuführen, daß neben dem Rechtsgut des Vermögens durch § 259 StGB noch ein allgemeines Sicherheitsinteresse geschützt wird[9]), sondern auf die Gefährlichkeit des Hehlers, der einen immer neuen Ansporn für die Diebe zu ihren Taten darstellt. — Auch die Qualifikationen der Ziff. 2 und 6 des § 243 I StGB sind wegen der Gefähr-

---

[1]) Maurach BT Einleitung A 1.

[2]) Vgl. auch Esser GA 58, 321f.

[3]) Lehrbuch S. 319; Rittlerfestschrift S. 261.

[4]) S. 237.

[5]) ZStW 69, 47.

[6]) Kohlrausch-Lange § 59 Anm. II, § 50 Anm. III.

[7]) Dies gegen die Lehre vom doppelten Unrechtsgehalt der Anstiftung. Vgl. auch Esser GA 58, 238: Die Gefährlichkeit läßt das Unrecht groß genug erscheinen, um strafwürdig zu sein.

[8]) Für die richterliche Strafzumessung und die Strafbemessung durch den Gesetzgeber gelten nicht dieselben Regeln (Kohlrausch-Lange IV 1 vor § 13); E. Schmidt, Materialien I S. 19 unten f.: „Die Generalprävention ist Angelegenheit allein des Gesetzgebers. Bei der Einzelstrafzumessung im richterlichen Urteil darf der Gesichtspunkt der Generalprävention keine Rolle mehr spielen".

[9]) BGH 7, 134 (142) — Das Sicherheitsinteresse ist nicht typisch für § 259 StGB. Auch andere Vermögens- und Eigentumsdelikte (vor allem der Tatbestand des § 242 StGB schüttzen ein allgemeines Sicherheitsinteresse (Kohlrausch-Lange § 259 Anm. VII 2; BayObLG NJW 58, 1597).

lichkeit der Art der Tatausführung geschaffen worden[1]). Die hohen Strafen für politische und Verkehrsdelikte[2]) sind nur mit der Gefährlichkeit dieser Taten zu rechtfertigen. — Obwohl der Anstifter vom Unrechtserfolg weiter entfernt ist als der Täter, ist jener oft gefährlicher als dieser, denn die Skrupel sind oft leichter zu überwinden, wenn es darum geht, einen anderen anzustiften, als wenn das Gewissen vor der Entscheidung steht, ob die Tat mit eigener Hand ausgeführt werden soll oder nicht. Hinzu kommt, daß gerade die Anstiftung durch Menschen, die eine gewisse soziale Stellung innehaben und sich aus diesem Grunde „zu schade dafür halten", die Tat selbst zu tun, besonders enthemmend auf die Täter wirken. In der Gefährlichkeit ist also die Gleichsetzung der Anstifterstrafe mit der Täterschaft begründet[3]); somit läßt sich die Anstifterstrafe entgegen der Auffassung der Vertreter der Schuldteilnahmetheorie auch ohne diese Theorie erklären.

Ein Argument für die Korruptionstheorie besagt, daß nur diese Theorie oder die Theorie vom doppelten Unrechtsgehalt der Anstiftung den Tatbestand des § 49 a StGB rechtfertigen könne[4]). Nach unserer Strafrechtsordnung werde zwar der erfolglose Wille, bei einer Rechtsgutsverletzung mitzuwirken, bestraft. Das setze jedoch voraus, daß sich der Versuchende mit Handlungen betätige, die einen Anfang der Ausführung einer strafbaren Tat darstelle. Das treffe bei der versuchten Anstiftung nur im Hinblick auf die Verstrickung zu, nicht aber im Hinblick auf den letztlich erstrebten Erfolg. Nach der Verursachungstheorie sei die versuchte Anstiftung nur eine Vorbereitungshandlung und es sei nicht einzusehen, warum derjenige, der mit dem schwächeren Teilnehmerwillen ein Verbrechen vorbereite, bestraft werden soll, während der Täter, der sich nur mit Vorbereitungshandlungen beschäftige, straflos bleiben soll. — In der Tat läßt sich § 49 a StGB ohne Schuldteilnahmetheorie schlecht in das System des Strafgesetzes einordnen; das zeigen die Diskrepanzen, die bezüglich § 49 a StGB von den Gegnern der Schuldteilnahmetheorie aufgezeigt werden[5]). Doch kann § 49 a StGB allein nicht die Korruptionstheorie oder die Theorie vom doppelten Unrechtsgehalt der Anstiftung stützen, da § 49 a StGB eine selbständig strafbare Vorbereitungshandlung ist[6]) und als Ausnahmebestimmung nur auf Verbrechen im Sinne des § 1 StGB bezogen ist.

---

[1]) Jagusch LK § 234 II 6 u. 7; Schönke-Schröder § 243 Anm. VII 1; BGH 8, 205 (209); RG 68, 238.

[2]) Vgl. Kohlrausch-Lange § 315a Anm. II zu Nr. 2: Der im Vordergrund stehende Strafzweck sei die Generalprävention.

[3]) Daß auch die Große Strafrechtskommission den Anstifter für besonders gefährlich halt, geht aus der Begründung des Kommissionsentwurfes 1960 S. 145 hervor. Die Bestrafung der versuchten Anstiftung bei Verbrechen wird allein mit der Gefährlichkeit des Anstifters begründet.

[4]) Vgl. Less ZStW 69, 47.

[5]) Vgl. Kohlrausch-Lange § 49a Anm. 1 und Salm S. 69.

[6]) BGH 9, 131.

Schwierigkeiten bei der Bestrafung der Teilnahme an unvorsätzlicher Haupttat bereitet die materiell-objektive Teilnahmetheorie da, wo der Haupttäter nicht einmal fahrlässig handelt. Handelt der Vordermann bewußt fahrlässig, dann kann er — wie oben[1]) gezeigt wurde — die potentielle Tatherrschaft haben, die zur Begründung der Täterschaft ausreichen kann. Es kommt bei der Frage, ob ein an der Tat Beteiligter Täter oder Teilnahmer ist, nicht darauf an, ob die fahrlässige Begehungsweise eines Tatbestandes strafbar ist oder nicht. — Bei der Untersuchung im ersten Hauptteil traten bei den unbewußt fahrlässigen Taten bereits Schwierigkeiten auf, da für den uns interessierenden Fall des Sonderdelikts bei dem vorsätzlich handelnden Extraneus wegen Fehlens der täterschaftlichen Elemente und bei dem fahrlässig handelnden Intraneus wegen Fehlens der potentiellen Tatherrschaft keine Täterschaft durch Tatherrschaft begründet werden kann[2]). Bei der Untersuchung im ersten Hauptteil konnte man sich jedoch damit zufrieden geben, daß der unbewußt fahrlässig handelnde Vordermann wenigstens fahrlässiger Täter war, weil er fahrlässig den Erfolg eines Fahrlässigkeitsdeliktes verwirklicht hat. Dieser Ausweg ist aber bei den unbewußt fahrlässig handelnden Vordermännern dann nicht mehr möglich, wenn sie den Erfolg eines Tatbestandes verursachen, dessen fahrlässige Begehungsweise nicht strafbar ist; dieselbe Schwierigkeit ergibt sich, wenn der Vordermann noch nicht einmal unbewußt fahrlässig handelt. Hier kann nur die Erwägung helfen, daß es nicht Aufgabe des Begriffs der Tatherrschaft ist, das Wesen der Teilnahme zu bestimmen, sondern daß er nur die Funktion hat, Täterschaft und Teilnahme voneinander zu scheiden. Da bei den Sonder- und eigenhändigen Delikten immer nur der Intraneus und der eigenhändig Handelnde Täter sein kann und der Extraneus bzw. der nicht selbst handelnde Tatbeteiligte nur Teilnehmer, und nur diese Fälle für eine Bestrafung der Teilnahme an unvorsätzlicher Haupttat in Frage kommen, wird die oben genannte Funktion der materiell-objektiven Teilnahmetheorie durch die Anerkennung der Teilnahme an unvorsätzlicher Haupttat nicht gestört. — Wenn die Tatherrschaft als wertender und relativer Begriff[3]) aufgefaßt wird, so kann man für die in dieser Arbeit relevanten Fälle der eigenhändigen und Sonderdelikte den Täterbegriff wie folgt negativ abgrenzen und definieren: Täter ist jemand, wenn an einer Tat, die er begeht, kein anderer beteiligt ist, der eine stärkere Tatherrschaft hat, es sei denn, daß die Tatherrschaft ihm und dem anderen Tatbeteiligten auf Grund eines sie zu einer organisatorischen Einheit verbindenden gemeinsamen Tatentschlusses gesamthänderisch zusteht (Mittäterschaft)[4]). Diese modifizierte Täterdefinition ändert nichts an den Ergebnissen der materiell-objektiven Teilnahmetheorie, sie erlaubt nur, bisher

[1]) Vgl. oben S. 40.
[2]) Vgl. oben S. 40.
[3]) Vgl. oben S. 37f.
[4]) Zur Mittäterschaft vgl. Welzel ZStW 58, 549; RG 15, 295 (302).

nicht bestrafte aber strafwürdige Fälle mit der Teilnehmerstrafe zu erfassen. Daß die verschiedenen Teilnahmetheorien, die Unterscheidungsmethode von Täterschaft und Teilnahme und die Lehre von der unvorsätzlichen Haupttat erst durch besondere Manipulationen aufeinander abgestimmt werden müssen und daß die Nahtstellen der verschiedenen für die Teilnahme bedeutsamen Theorien und Begriffe uneben sind, hängt wohl damit zusammen, daß im Strafrecht verschiedene Blickpunkte für die sachlogischen Strukturen bedeutsam sind.

Die Unvereinbarkeit der Teilnahme an unvorsätzlicher Haupttat mit dem System der finalen Handlungslehre und der Erkenntniswert dieses Systems

Nicht vereinbar ist eine Bestrafung der Teilnahme an unvorsätzlicher Haupttat mit dem System der finalen Handlungslehre, denn nach dieser Lehre gehört der Vorsatz zum Tatbestand. Eine Limitierung der Akzessorietät derart, daß der Täter nur einen Teil des Tatbestandes erfüllt haben muß, damit die Haupttat teilnahmefähig ist, wird nur von Piotet[1]) vertreten. Es ist jedoch richtig, wenn man wie Maurach[2]) die Tatbestandsmäßigkeit der Haupttat als minimale Akzessorietät auffaßt. Andererseits ist es aber nicht unbedenklich, Fälle, die strafwürdig sind und deren Bestrafung nach den dogmatischen Einzeluntersuchungen möglich ist, nur deshalb nicht zu bestrafen, weil die Bestrafung nicht mit dem System vereinbar ist[3]).

Es ist klarzustellen, welche Art von System die finale Handlungslehre hervorgebracht hat. Wenn das System der finalen Handlungslehre nur ein doktrinäres oder didaktisches System wäre, dann verböte es sich, die Vereinbarkeit oder Nichtvereinbarkeit mit diesem System als schlüssigen Beweis anzusehen[4]). Das System der finalen Handlungslehre ist aber zugleich ein kategoriales System, denn nach Welzel ist die kategoriale Struktur der Handlung eine Voraussetzung zur Normierung von Handlungen[5]). Die menschliche Handlung ist nach Welzel nicht nur eine allgemeine Aussage- und Begriffsform, von denen die übrigen Begriffe ableitbar sind, sondern ein Begriff der Urform des Seins, aus der die übrigen

[1]) Piotet ZStW 69, 23 vertritt eine Akzessorietätstheorie, nach der der Täter nur einen Teil des Tatbestandes erfüllt haben muß, damit ein anderer an der Tat Beteiligter an ihr teilnehmen kann. Nach Piotet ist Täter, wer für die Verwirklichung der sachlichen Verbrechensmerkmale die gesamte oder hauptsächliche Verantwortung trägt. Die sachlichen Verbrechensmerkmale sind solche, die die objektive Schwere der Tat bestimmen.

[2]) Vgl. Maurach AT § 50 III A 3.

[3]) Vgl. Würtenberger S. 11f.: Das System darf nicht zum Selbstzweck werden. Es gibt kein widerspruchfreies strafrechtliches Systemgebäude. Auf S. 13 warnt Würtenberger vor der Selbstherrlichkeit des Systems. Auch Hall ZStW 66, 105 glaubt nicht an die Möglichkeit eines widerspruchsfreien Systems.

[4]) Vgl. Radbruch, Frankfestgabe I. Bd. S. 159; auch Esser, Grundsatz und Norm S. 6.

[5]) Festschrift für Niedermeyer S. 292.

Begriffe abgeleitet werden müssen. Die kategorialen Systeme haben nach Radbruch[1]) wissenschaftlichen Erkenntniswert. Da — wie oben[2]) nachgewiesen wurde — aus der Kategorie „menschliche Handlung" nur ein Teil der strafrechtlichen Begriffe des Allgemeinen Teils und vor allem nicht das Wesen der Teilnahme sachlogisch hergeleitet werden kann, ist das kategoriale System Welzels kein in sich geschlossenes System, aus dem schlüssige Beweise über das Wesen der Teilnahme hergeleitet werden könnten.

Die „mit Strafe bedrohte Handlung"
(Betrachtung der Handlungslehren)

Ist insoweit klargestellt, daß eine Teilnahme an unvorsätzlicher Haupttat dogmatisch möglich ist, so bleibt zu untersuchen, wie die Teilnahme an unvorsätzlicher Haupttat sich mit den verschiedenen Handlungsbegriffen verträgt, denn die Teilnahme ist Anstiftung oder Hilfeleistung „zu einer mit Strafe bedrohten Handlung"[3]). Es werden in der Literatur drei Handlungsbegriffe vertreten:

1.) Der Handlungsbegriff Mezgers, den Welzel[4]) als kausalen Handlungsbegriff bezeichnet,

2.) der subjektiv-finale Handlungsbegriff (Welzel, Maurach) und

3.) der soziale oder objektiv-finale Handlungsbegriff (Engisch, Maihofer, Lange).

Unter Handlung versteht Mezger ein willentliches Verhalten, eine Willensbetätigung, die auf irgendeinen Erfolg gerichtet ist, aber einen strafrechtlichen Erfolg verursacht[5]). Bei den in der Arbeit als strafwürdig bezeichneten Fällen lag dieser eine solche Handlung im Sinne Mezgers zugrunde. Der Briefträger im oben[6]) gebildeten Beispiel handelt willentlich, wenn er dem Ermittlungsbeamten den Brief übergibt. Der Postbote will zwar nur den Erfolg, daß der Brief ohne seine Mühe zum Empfänger gebracht wird, nicht aber den durch § 354 StGB mißbilligten Erfolg. Für den Handlungsbegriff Mezgers reicht es jedoch aus, wenn der Handelnde irgendeinen Erfolg gewollt hat.

Der Handlungsbegriff der Finalisten umfaßt einen auf einen bestimmten Erfolg gerichteten Willensentschluß, der zu einer Willensbetätigung führt. Der Erfolg selbst ist kein Bestandteil des finalen Handlungsbegriffes. Die Finalisten berücksichtigen bei ihrem Handlungsbegriff aber auch

---

[1]) A. a. O. S. 159.
[2]) S. 41ff.
[3]) §§ 48, 49 StGB.
[4]) Lehrbuch § 8 III 1.
[5]) Mezger, Lehrbuch § 8 III, LK Einleitung II 1a; vgl. auch Maurach AT § 17 I 2.
[6]) S. 52f.

solche Folgen der Willensbetätigung, auf die der finale Wille nicht gerichtet war, die aber durch bessere finale Steuerung hätten vermieden werden können[1]). Wie für die kausale Handlungslehre reicht es für die finale Handlungslehre somit aus, daß der Handelnde irgendeinen Erfolg gewollt hat. Die Teilnahme an unvorsätzlicher Haupttat ist somit auch mit dem Handlungsbegriff der Finalisten vereinbar.

Der Begriff der objektiv-finalen oder sozialen Handlung wird von Engisch[2]), Lange[3]) und Maihofer[4]) vertreten. Dieser Handlungsbegriff stellt auf die der Handlung innewohnende Zweckrichtung ab, die der Handlung die „soziale Sinnhaftigkeit" gebe. Maihofer grenzt die subjektiv-finale und die objektiv-finale Handlungslehre voneinander ab: Eine Handlung leiste objektiv betrachtet etwas nicht auf Grund ihres subjektiven Willens, der in ihr stecke, sondern auf Grund der objektiven Brauchbarkeit der in ihr eingesetzten Handlungsmittel zur Erreichung eines bestimmten Zweckes[5])[6]).

Der Begriff der sozialen oder objektiv-finalen Handlung ist enger als der Handlungsbegriff Mezgers, weil bei diesem Handlungsbegriff als Erfolg nur die objektiv zu erwartenden oder voraussehbaren Folgen der Willensbetätigung berücksichtigt werden[7]), während nach dem Handlungsbegriff Mezgers jeder Erfolg berücksichtigt wird. Diese Einengung des Handlungsbegriffs hat zur Folge, daß die Bestrafung der Teilnahme an einer unvorsätzlichen Handlung, die einen Erfolg verursacht, der objektiv nicht voraussehbar war, aber vom Hintermann dennoch vorausgesehen war, nicht mit dem objektiv-finalen und sozialen Handlungsbegriff zu vereinbaren ist. Es sind nur wenige Fälle der Teilnahme an unvorsätzlicher Haupttat, die mit dem Handlungsbegriff Engischs und Maihofers kollidieren. Im übrigen ist diese Art der Einengung des sozialen und objektiv-finalen Handlungsbegriffes auf die objektiv zu erwartenden Folgen nicht derart wesenhaft mit diesem Handlungsbegriff verbunden, daß man nicht durch eine Erweiterung oder Modifizierung des Begriffes der sozialtypischen Tatfolgen den objektiv-finalen Handlungsbegriff den Erfordernissen der Teilnahme an unvorsätzlicher Haupttat anpassen könnte. — Eine derartige Änderung des objektiv-finalen oder sozialen Handlungsbegriffes ist nicht nur aus diesem Grunde notwendig. Es lassen sich Fälle denken, in denen die Folgen einer Handlung objektiv nicht voraussehbar sind, der vorsätzlich handelnde Alleintäter sie doch auf Grund seiner außerordentlichen Kenntnisse erkennt. Handelt ein solcher Täter nicht?

---

1) Vgl. Maurach AT § 17 I 3; Welzel, Lehrbuch § 8, I.

2) Kohlrauschfestschrift S. 160ff.

3) Kohlrausch-Lange, Systematische Vorbemerkungen III 1 = S. 11 unten, § 88 Anm. I 2.

4) Handlungsbegriff S. 66, ZStW 70, 171.

5) ZStW 70, 169.

6) Vgl. auch Sauer, Grundlagen S. 146f.: Nicht der individuelle Zweck des Täters bildet das Wertungsobjekt sondern der generelle Zweck, „die allgemeine Tendenz der Handlung" (zustimmend E. Schmidt ZStW 49, 392).

7) Vgl. Maihofer ZStW 70, 171; Engisch, Kohlrauschfestschrift S. 160.

Die Entbehrlichkeit des Urheberbegriffes

Sieht man die Aufgabe der Teilnahmestrafbestimmungen nicht nur darin, die an einer Straftat Beteiligten differenzierend zu behandeln, sondern weist man den Teilnahmebestimmungen auch die Aufgabe zu, im Fall der Sonderdelikte die strafwürdige Verletzung des Rechtsgutes durch den Extraneus zu erfassen[1]) und kann man durch teleologische Auslegung der Teilnahmebestimmungen die Bestrafung der Teilnahme an unvorsätzlicher Haupttat dogmatisch ermöglichen, so ist ein Rückgriff auf den im Gesetz nicht genannten Begriff der Urheberschaft[2]) nicht notwendig[3]).

---

[1]) Vgl. Lange, Notwendige Teilnahme S. 57; Dahm, Tätertyp S. 56 Anm. 115: Die Teilnahmebestimmungen als Auffangsvorrichtung.

[2]) Vgl. hierzu H. Mayer, Rittlerfestschrift S. 262; Binding, Normen IV S. 638ff.

[3]) Vgl. auch Lange, Moderner Täterbegriff S. 77f.; Schönke-Schröder vor § 47 Anm. X 1.

Schlußbetrachtung

Rechtfertigung der angewandten Untersuchungsmethode

Die durchgeführte Untersuchung geht von strafwürdigen Fällen aus und orientiert sich sehr stark am Rechtsschutzgedanken. Die Methode der Arbeit war es, die dogmatischen Begriffe den Erfordernissen des Strafbedürfnisses soweit wie möglich anzupassen. Dieser teleologischen Methode[1]) könnte man entgegenhalten, sie führe zur Interessenjurisprudenz im Strafrecht[2]). Wenn das Strafrecht von der Interessenjurisprudenz beherrscht würde, könnte einerseits dem Interesse der Gesellschaft an der Bestrafung aller strafwürdigen Fälle entsprochen werden, andererseits könnte aber die für das Strafrecht so bedeutsame Rechtssicherheit gefährdet werden. Die Interessenjurisprudenz darf im Strafrecht also nur so weit betrieben werden, daß die Rechtssicherheit nicht beeinträchtigt wird. Der Rechtssicherheit im Strafrecht dient die Garantiefunktion der Tatbestände[3]) und der Grundsatz, daß die Auslegung vom Gesetz bewußt und ausdrücklich gezogene Grenzen nicht überschreiten darf[4]). Da die dogmatische Untersuchung gezeigt hat, daß eine Auslegung, die die Teilnahme an unvorsätzlicher Haupttat anerkennt, keine vom Gesetz ausdrücklich gezogenen Grenzen der Teilnahmebestimmungen durchbricht, und da die Tatbestände des Besonderen Teils nicht in einem stärkeren Umfang erweitert werden als es die Teilnahmebestimmungen als gesetzliche Strafausdehnungsgründe zulassen, hat unsere Untersuchung den strafrechtlichen Grundsatz der Rechtssicherheit nicht verletzt.

Bei dem Versuch dieser Arbeit, das Wesen der Sonderdelikte zu erfassen, wurde der Gedanke des Rechtsgüterschutzes dem der Pflichtverletzung und des Handlungsunwertes übergeordnet. Die Betonung des Rechtsgutgedankens bei der Auslegung ist dem Strafrecht wesenseigen. Nur Welzel und seine Anhänger ordnen den Handlungsunwert der Rechtsgutsverletzung über[5]). Selbst Maurach als Vertreter des subjektiven Finalismus mißt dem Handlungsunwert nicht die Bedeutung zu, wie Welzel es tut[6]). Die Überbetonung des Handlungsunwertes ist also keine zwingende Folge der finalen Handlungslehre. — Nicolai Hartmann, auf dessen Lehre Welzel sein System begründet hat, weist bezüglich des

---

[1]) Vgl. Würtenberger S. 16f.

[2]) Würtenberger S. 10 empfiehlt der Strafrechtswissenschaft, sich an der zivilistischen Lehre von der Interessenjurisprudenz zu orientieren.

[3]) Vgl. Maurach AT § 19 III.

[4]) Vgl. Kohlrausch-Lange § 2 Anm. III A 2.

[5]) Vgl. Welzel, Lehrbuch S. 2, Neues Bild S. 27f.

[6]) Vgl. Maurach AT § 19 II A 3.

Verhältnisses von Handlung und Güterwerten diesen einen besonderen Rang zu, da die Güterwerte die Qualität der Handlung bedingen[1]).

Die einseitige Betonung des Handlungsunwertes kann in einem noch höheren Maße als die in dieser Arbeit angewandte Untersuchungsmethode zum Interessenstrafrecht — in der Form des Gesinnungsstrafrechts[2]) — führen. Das zeigen die Ausführungen von Bruns[3]), der unter Berufung auf Welzel den Dieb, der seinen Komplizen um die Beute prellt, wegen Betrugs bestrafen will, weil die Bewertung der Handlung unabhängig von der Bewertung des geschützten Rechtsgutes erfolgen müsse. Ebenfalls nur mit der schlechten Tätergesinnung versucht Bruns die Bestrafung des Versuchs der untauglichen Subjekts zu begründen[4]). Der selben Gefahr, in das die Rechtssicherheit sehr stark beeinträchtigende Gesinnungsstrafrecht zu verfallen, ist auch die Entscheidung BGH 2, 364[5]) nicht entgangen. Der Bundesgerichtshof versucht die Strafbarkeit des Komplizenbetruges mit dem Hinweis zu stützen, der Grund für die Bestrafung sei nicht die Verletzung eines Einzelinteresses, sondern die Pflichtverletzung des Täters, der mit seiner Handlung die allgemeine Rechtsordnung gefährdet. Bestraft man eine Handlung wegen Gefährdung der allgemeinen Rechtsordnung, ohne nachgewiesen zu haben, daß durch die Handlung ein durch einen strafrechtlichen Tatbestand geschütztes Rechtsgut angegriffen worden ist, so wird der Grundsatz der Garantiefunktion der einzelnen Tatbestände verletzt. Diejenigen, die den Handlungsunwert über den Rechtsgüterschutz stellen, laufen also Gefahr, zu dem Gesinnungsstrafrecht, einer gefährlichen Form der Interessenjurisprudenz, zu gelangen, das die zum Schutz der Rechtssicherheit aufgestellten Regeln durchbricht[6]).

---

1) Hartmann S. 383, vgl. auch S. 420: Die Person ist hier gar nicht Wertträger, der Wert ist, wie sehr immer nur menschliches Tun ihn erst verwirklicht haben mag, nur Objektswert, der Sachverhaltswert.

2) Der Begriff der Interessenjurisprudenz wird hier im weitesten Sinne verstanden (vgl. Heck S. 40).

3) Mezgerfestschrift S. 344.

4) Bruns, Untauglicher Täter S. 4, 6, 12.

5) S. 368.

6) Zu beachten ist, daß der Rechtsgüterschutz als maßgebender Orientierungspunkt für die Auslegung und als Zweck des Strafrechts neuestens in der Literatur wieder besonders hervorgehoben wird: Würtenberger S. 51ff.; Gallas ZStW 67, 39; Bindokat JZ 58, 554 (558 rechts).

FSC
www.fsc.org
MIX
Papier | Fördert
gute Waldnutzung
FSC® C083411

Kolibri 360 GmbH
Ferdinand-Jühlke-Straße 7
99095 Erfurt, Deutschland
produktsicherheit@kolibri360.de